Sitzungsberichte
der Akademie der Wissenschaften
der DDR
Mathematik – Naturwissenschaften – Technik

15 N

1979

Ausgewählte Probleme der Werkstoffentwicklung

AKADEMIE-VERLAG · BERLIN

Sitzungsberichte
der Akademie der Wissenschaften
der DDR
Mathematik — Naturwissenschaften — Technik

Jahrgang 1979 · Nr. 15/N

Ausgewählte Probleme der Werkstoffentwicklung

AKADEMIE-VERLAG · BERLIN
1979

Vorträge des Festkolloquiums anläßlich
des 65. Geburtstages von Werner Lange,
Ordentliches Mitglied der Akademie der
Wissenschaften der DDR, veranstaltet von
den Klassen Werkstofforschung, Chemie, und
Physik sowie der Arbeitsgruppe Technische Wissenschaften der AdW
der DDR am 25. Januar 1979

Herausgegeben im Aufrage
des Präsidenten der Akademie
der Wissenschaften der DDR
von Vizepräsident Prof. Dr. Heinrich Scheel

Erschienen im Akademie-Verlag, 108 Berlin, Leipziger Str. 3–4

Lizenznummer: 202 · 100/267/79
Gesamtherstellung: VEB Druckhaus Köthen
Bestellnummer: 762 744 0 (2010/79/15/N) · LSV 3015
Printed in GDR
DDR 7,50 M

Inhalt

R. Rompe

Laudatio

Mir ist seitens der Klassen Physik, Chemie, Werkstoffwissenschaften und der AG Technische Wissenschaften der Klasse Physik der ehrenvolle Auftrag zuteil geworden, dem Festkolloquium aus Anlaß des 65. Geburtstages von W. LANGE eine Würdigung seines Forschens und Wirkens voranzustellen.

Ich komme diesem Auftrag um so lieber nach, als ich mich nicht nur mit W. LANGE seit über 30 Jahren in gemeinsamem Bemühen um unsere große Sache freundschaftlich verbunden fühle, sondern weil ich so Gelegenheit habe, vor Ihnen das Bild eines Wissenschaftlers einer technischen Disziplin zu zeichnen, eines des bedeutendsten Vertreters wissenschaftlich betriebener Technik in der DDR — und das darf ich wohl sagen, im gesamten RGW-Bereich.

Ich lernte W. LANGE 1947 kennen, als ich für die Hochschulen in der damaligen SBZ in der Deutschen Verwaltung für Volksbildung in der alten Wilhelmstraße tätig war. Er gehörte 1945 zu der begreiflicherweise nur kleinen Gruppe jüngerer Wissenschaftler, die bereits als wissenschaftlich gereift und ausgewiesen gelten konnten und die sich zugleich auf Seiten der Arbeiterklasse und ihrer Partei, der SED, voll engagiert hatten. So konnte er frühzeitig 1947 als Ordinarius für Metallhüttenkunde an die Bergakademie Freiberg berufen werden. Seine klare politische Haltung und seine hervorragende wissenschaftliche Qualifikation auf dem Gebiet der physikalisch-chemischen Grundlage der Metallhüttenkunde machten damals auf mich einen starken Eindruck. 1949 erschien dann auch sein bemerkenswertes Buch „Die thermo-dynamischen Eigenschaften der Metalloxide — Beitrag zur theoretischen Hüttenkunde, Berlin 1949", das aus seiner Dissertation hervorgegangen war und das ich auch heute noch für ein klassisches Beispiel der physikalisch-chemischen Durchdringung technologischer Prozesse halte.

Seine enorme Arbeitskraft und -bereitschaft, sich für unseren hochbefriedigenden, interessanten aber auch mühevollen Aufbau einzusetzen, fand immer neue Seiten der Betätigung.

So war er 1949—1955 Leiter der Hauptverwaltung Wissenschaft und Technik, wurde 1957 bei seiner Gründung Mitglied des Forschungsrates der DDR und ab 1963 Leiter der Gruppe Hüttenwesen des Forschungsrates.

Alle diese zweifellos notwendigen und sinnvollen Bestandteile seiner Aktivität haben ihn aber zu keiner Zeit veranlaßt, seine wissenschaftliche Tätigkeit „vor

Ort“ aufzugeben, vor allem als Leiter des Forschungsinstituts für Nichteisenmetalle Freiberg, einem Industrie-Institut. Er ist bis heute der Industrie treu geblieben, so sehr diese Tätigkeit manchmal auch mühe- und sorgenvoll war. Er, ein hervorragender Vertreter der Grundlagenforschung auf dem Metallhüttengebiet, weit über die Grenzen der DDR hinaus bekannt, fühlt sich engstens verbunden mit Forschung und Entwicklung seines Produktionszweiges, in dem er groß geworden ist.

Die markantesten Kennzeichen seiner Art an die Probleme heranzugehen, hängen engstens mit wesentlichen Zügen der modernen Technik zusammen. Sie sind entsprungen den Bedürfnissen des technischen Fortschritts und zugleich Voraussetzungen für diesen:

— Die maximale wissenschaftliche Beherrschung der physikalisch-chemischen Grundlagen des technologischen Prozesses;
  Realistisch unter Ausschöpfung aller Möglichkeiten der Wissenschaft — aber auch in Kenntnis ihres Leistungsstandes und der Bedeutung der empirisch erworbenen Erfahrungen des Produktionsprozesses.
  W. Lange hat immer gewußt, wie weit die Tragfähigkeit theoretisch-mathematischer Methoden geht und was produktiv ist und wo die Illusionen beginnen, die viel Geld und Zeit kosten können.

— Die Aufgeschlossenheit für neue methodische Möglichkeiten der Wissenschaft. Als Beispiel sei seine Tätigkeit an der TU Dresden als Lehrstuhlinhaber und Institutsdirektor für die Anwendung von Isotopen in der Metallhüttenkunde genannt.

— Die Kenntnis der Systemzusammenhänge, insbesondere die zwischen technologischen und ökonomischen Problemen, nicht nur seines Gebietes, sondern nach meiner Einschätzung für weite Gebiete der Technik insgesamt.

Es ist leicht für mich, hier auf Konkretes zu verweisen, ich erinnere an seine Vorträge in der wissenschaftlichen Gesprächsrunde der Klasse Physik zur Rohstoff- und Energieproblematik und an seinen Leibniz-Vortrag 1978.

Unter seiner Leitung entwickelte sich das FNE Freiberg zu einem leistungsfähigen, modern ausgestatteten Forschungsinstitut auf den Gebieten der Nutzung primärer und sekundärer Rohstoffe der NE-Metallurgie, der NE-Metallgewinnung, der Entwicklung, Prüfung und Verarbeitung von NE-Metall-Werkstoffen sowie der chemischen und physikalisch-chemischen Analytik, das in der DDR auf diesen Fachgebieten eine führende Stellung einnimmt und international anerkannt ist.

Seiner Intensität und seinem Weitblick ist es maßgeblich zu verdanken, daß das Institut frühzeitig moderne Forschungs- und Entwicklungseinrichtungen, neue Methoden und Aufgabengebiete entsprechend den volkswirtschaftlichen Erfordernissen der DDR aufgriff und wichtige Beiträge lieferte. Als Beispiele können genannt werden:

Auf verfahrenstechnisch-methodischem Gebiet

— die Entwicklung leistungsintensiver thermischer Verfahrensprinzipien und Apparate wie Wirbelschichttechnik und Vorblaseprozeß,
— die Untersuchung leistungsfähiger hydrometallurgischer Aufschluß- und Trennprinzipien wie Reaktionsabläufe unter erhöhtem Druck. Einsatz von Ionenaustausch- und Flüssig-Flüssig-Extraktionsverfahren,
— die Entwicklung moderner Schmelz- und Verarbeitungstechnologien für NE-Metallwerkstoffe, hochschmelzende Metalle und Legierungen.

Auf aufgabenbezogenem, stofflichem bzw. werkstoff-technischem Gebiet

— die komplexe Rohstoffnutzung speziell im Hinblick auf das Ausbringen von seltenen und Spurenmetallen (z. B. Re, Se, Ge, In, Mo, V, W),
— die verstärkte Nutzung einheimischer Erze und Sekundärrohstoffe (z. B. Sn, Al, Schrottverarbeitung),
— die Gewinnung hochreiner Metalle und Halbleiterwerkstoffe für die Elektronik und Elektrotechnik einschl. der Sonderwerkstoffe auf Edelmetallbasis,
— die Entwicklung von Kupfer- und Aluminiumwerkstoffen sowie von Verarbeitungstechnologien für die Halbzeugherstellung.

Seine Leitungstätigkeit und seine wissenschaftliche Arbeit waren in diesem Zusammenhang besonders orientiert auf praxisbezogene Aufgaben und enge Verbindung zu den Anwenderbetrieben sowie auf die Erzielung überleitungsreifer Resultate mit optimalem volkswirtschaftlichem Nutzen.

Ihm ist es maßgeblich zu danken, daß das FNE in zunehmendem Maße zum echten Partner der Industrie wurde und mit gutem Erfolge Ergebnisse in Gemeinschaftsarbeit mit dem jeweiligen Betrieb in die Praxis einführen konnte.

Durch Aufbau von Produktionsabteilungen im Institut, wie beispielsweise zur Herstellung und Verarbeitung von Sonderwerkstoffen und zur Gewinnung von Ta_2O_5/No_2O_5 wurden dabei die Voraussetzungen für eine Versorgung der Volkswirtschaft mit wichtigen Spezialerzeugnissen geschaffen.

Er nahm entscheidend Einfluß auf die Intensivierung der Forschungsarbeiten und die Bewertung und Auswahl der Aufgaben nach technisch-ökonomischen Gesichtspunkten entsprechend der jeweiligen volkswirtschaftlichen Aufgabenstellung und förderte durch sein Wirken die Bildung leistungsfähiger Kollektive im Institut.

Seine Tätigkeit im Rahmen der Akademie der Wissenschaften der DDR, der er seit 1961 als Korrespondierendes und 1964 als Ordentliches Mitglied angehört, ist getragen von dem mit ganzer Kraft und innerster Überzeugung heraus verfolgten Ziel, enge, problemorientierte Verbindungen zwischen der Grundlagenforschung als Voraussetzung für echte Neuentwicklungen und Kenntnisverbesserung bei bekannten Verfahren und Werkstoffen einerseits und der verfahrens- oder erzeugnisorientierten Forschung der Industrie andererseits herzustellen. Darüber hinaus geht sein Bemühen dahin, die langfristig erforderlichen Entwicklungsrichtungen aus den zu erwartenden volkswirtschaftlichen Bedürfnissen abzuleiten und ihre schwerpunktbezogene Bearbeitung zu indizieren bzw. vorzubereiten sowie zur Meinungsbildung beizutragen. Dabei strebt er immer eine komplexe und die multivalente Nutzung der Ergebnisse berücksichtigende Betrachtungsweise an. Letzteres drückt sich besonders auch in der von ihm als Vorsitzender der Klasse Werkstofforschung seit 1969 besonders geförderten interdisziplinären Zusammenarbeit dieser Klasse mit anderen Klassen wie Physik, Chemie und der AG Technische Wissenschaften aus. Vor allem in letzter Zeit wurden durch ihn aktiv auf die zu den Fragen der komplexen Nutzung einheimischer Primär- und Sekundärrohstoffe, auf die Werkstoffentwicklung und -substitution, die Materialeinsparung und auf den ökonomisch sowie anwendungstechnisch zweckmäßigen Werkstoffeinsatz Einfluß genommen.

Ausdruck dieses Bemühens sind entsprechende Beratungen, Verträge und Kolloquien im Rahmen der Klasse und in Zusammenarbeit mit anderen Klassen z. B. zu Problemkreisen wie

- volkswirtschaftlich effektiver Werkstoffeinsatz einschließlich Werkstoffsubstitutionen (nichtmetallische und metallische Werkstoffe)
- Zusammenhang zwischen Zusammensetzung, Struktur und Eigenschaften der Werkstoffe
- Charakterisierung von Werkstoffen sowie Auswahl und Bestimmung anwendungsbezogener Werkstoffkenngrößen
- Entwicklung von Werkstoffprüfverfahren
- Energiebedarf und Werkstoffeinsatz
- Werkstoffverhalten bei komplexer Beanspruchung
- Technische Zuverlässigkeit der Werkstoffe u. a. m.

Spezielle Forderungen der Industrie im Hinblick auf Konstruktionswerkstoffe, Werkstoffe der Elektronik und Elektrotechnik, Schadensverhütung beim Werkstoffeinsatz wurden von ihm aufgegriffen und zum Gegenstand meinungsbildender Diskussionen in der Klasse gemacht.

Es ist maßgeblich seiner aktiven Tätigkeit zu danken, daß im Ergebnis solcher Beratungen entsprechende Schlußfolgerungen, Vorschläge und Empfehlungen für die weitere Behandlung verschiedener volkswirtschaftlich wichtiger Problemkreise gegeben werden konnten (z. B. Grundlagenforschung des Werkzeugmaschinenbaus).

Es verdient hervorgehoben zu werden, daß W. Lange die Vielfalt der unter seiner Mitwirkung behandelten Gebiete auf Grund seines umfassenden Überblicks über die wissenschaftlich-technische Problematik und die volkswirtschaftlichen Belange sowie seiner umfangreichen Kenntnisse sachkundig vertreten kann und sich mit der ihm eigenen Konsequenz und Intensität in neue von ihm als wesentlich erkannte Gebiete so weit eingearbeitet, wie es für die Beurteilung relevanter Fragen wichtig ist.

Seine langjährige Tätigkeit als Hochschullehrer und die in diesem Zusammenhang zu erwähnenden Arbeiten auf den Gebieten der Grundlagenforschung sind Ausdruck für die Bedeutung, die W. Lange der Heranbildung eines fachlich qualifizierten Nachwuchses und — wie bereits betont — einer praxisorientierten Grundlagenforschung beimißt.

Daß er sich dabei auch solcher Arbeitsrichtungen wie der Anwendung radioaktiver Isotope in der Lehre, Grundlagenforschung und industrielle Anwendung annahm, unterstreicht seine Aufgeschlossenheit und seine Bereitschaft, moderne Methoden zum Nutzen der wissenschaftlich-technischen Entwicklung einzusetzen.

Auf die vielfältigen Aufgaben, die W. Lange in seiner Tätigkeit als Leiter der Gruppe „Metallische Werkstoffe" des Forschungsrates der DDR übernommen bzw. aus eigener Initiative aufgegriffen hat, soll hier nur verwiesen werden. Sie umfassen neben der laufenden gestaltend-konstruktiven Einflußnahme auf Forschung und Technik im Bereich der Metallurgie und der angrenzenden Gebiete vor allem intensive Auseinandersetzungen mit Problemen der langfristigen Entwicklung im Interesse der Profilierung volkswirtschaftlich wichtiger Aufgabengebiete. Von besonderer Bedeutung ist dabei seine vor allem in den letzten Jahren besonders aktive Tätigkeit auf dem Gebiet der Prognose einer Werkstoffbedarfs- und -einsatzentwicklung. Sie führte zu volkswirtschaftlich wichtigen Aussagen bzw. Einschätzungen, die für die langfristige Planung sehr wertvoll sind.

Die umfangreiche prognostische Arbeit von W. Lange war beispielgebend für die gesamte konzeptionelle Arbeit des Forschungsrates.

Die unter seiner Leitung erarbeiteten analytisch-konzeptionellen Vorstellungen waren für die Regierung (SPK, MEMK, MWT) wichtige Entscheidungsgrundlagen für die Planung auf den Gebieten der Materialökonomie, der weiteren Entwicklung der Metallurgie und der Rohstoffindustrie.

Besonderes Gewicht hat W. Lange auf die Ableitung von Aufgaben für die Grundlagenforschung gelegt.

Aus der analytisch-prognostischen Tätigkeit leitete W. Lange gemeinsam mit seiner Gruppe wichtige Gedanken und Vorschläge zur Aufnahme von Forschungs- und Entwicklungsarbeiten zur Nutzung einheimischer Rohstoffe ab, z. B. auf dem Gebiet der Gewinnung von Tonerde aus einheimischen Rohstoffen, zur Substitution von Kupfer durch Aluminium für elektrische Leiter sowie zur Vorbereitung von Staatsaufträgen Wissenschaft und Technik zu zentralen Problemen des Materialeinsatzes und des Materialverbrauches.

Ausführungen zur Tätigkeit von W. Lange wären unvollständig, würde dabei nicht auch seine Persönlichkeit entsprechend gewertet. Auf sein umfassendes Wissen und die Fähigkeit, es zur Lösung vielfältiger Aufgaben einzusetzen, war bereits hingewiesen worden. Seine wissenschaftlichen Ergebnisse sind — ohne Berücksichtigung der zahlreichen Ausarbeitungen zu Spezialproblemen als Leiter vorstehend genannter Gremien, als Institutsdirektor oder Leiter zeitbegrenzter Arbeitsgruppen — in ca. 50 Fachveröffentlichungen niedergelegt.

Seine gesamte Arbeit ist gekennzeichnet durch ein hohes politisches Verantwortungsbewußtsein und durch das ständige Bemühen um aktive Unterstützung der Entwicklung unseres Staates. Er zeichnet sich durch große Bescheidenheit aus, stellt besonders die Leistung des Kollektivs heraus und ist bemüht, dieses vor allem bei wichtigen Fragen in die Meinungsbildung einzubeziehen. Sein menschlich verständnisvolles Verhalten und seine Aufgeschlossenheit gegenüber den verschiedenartigsten Problemen, aber auch seine kritische und offene Stellungnahme zu an ihn herangetragenen Fragen führen zu guten Kontakten und zu einer immer wertvollen und nutzbringenden Zusammenarbeit.

P.-K. Budig

Bedeutung der Werkstoffe für die Weiterentwicklung elektrotechnischer Erzeugnisse

Die Aufgaben der Elektrotechnik, die man häufig als Starkstromtechnik bezeichnet, gehen aus der Übersicht der ersten Abbildung hervor. Es sind dort einmal die wichtigsten Aufgaben und zum anderen die Geräte oder Einrichtungen aufgeführt, mit denen diese Aufgaben realisiert werden. Betrachtet man, so wie in der zweiten Abbildung dargestellt, den spezifischen Aufwand von Material zur Realisierung elektrischer Maschinen einer bestimmten Leistung, wie er sich im Laufe der Geschichte der Starkstromtechnik entwickelt hat, so kann man sehr deutlich erkennen, daß zwei Einflußfaktoren wirksam werden. Einmal setzt eine erhebliche Reduktion des spezifischen Masseaufwandes im Laufe der vergangenen 80 Jahre ein, und zum zweiten ist sehr deutlich zu erkennen, daß der spezifische Masseaufwand auch in starkem Maße von der Größe, d. h. von der Leistung der

Aufgaben	Geräte
Elektro-Energieerzeugung	— Generatoren/Trafo
Elektro-Energieübertragung	— Kabel/Leitungen
Elektro-Energieverteilung	— Schaltanlagen Hoch-, Mittel-, Nieder- spannung
Elektro-Energiestellung, -regelung	— Schaltgeräte — Stromrichter — Steuer- u. Regelungsanlagen — Meßwertentnehmer
Elektro-Energiewandlung	— Motoren — Elektrotechnologische Anlagen — Induktions-Anlagen — Konduktions-Anlagen — Elektronenstrahl-Anlagen — Plasmastrahl-Anlagen

Abb. 1 Gegenstand der Betrachtung

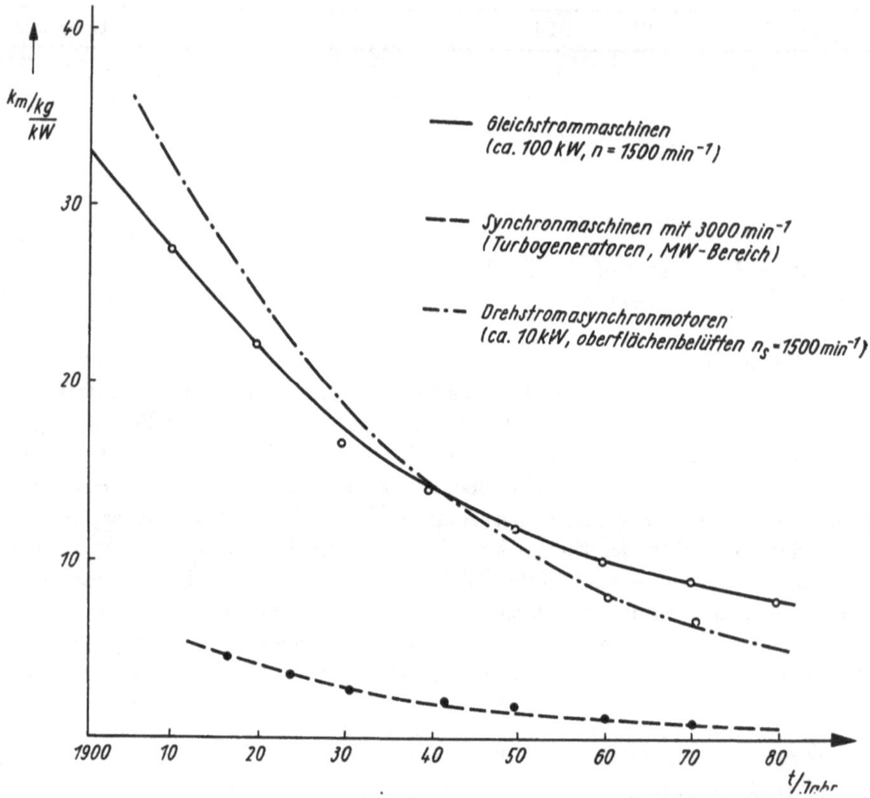

Abb. 2 Tendenz der Masse-Leistungs-Kennziffer k_m von ausgewählten Maschinentypen

zu realisierenden Einheiten abhängig ist. Gerade das letztere wird noch einmal sehr deutlich, wenn man den spezifischen Materialaufwand, wie er für Transformatoren, die in der DDR produziert werden, erforderlich ist, vergleicht. Man kann aus der dritten Abbildung erkennen, daß eine Einheit für 600 MVA nur etwa den halben spezifischen Materialaufwand wie eine solche für 100 MVA aufweist. Damit ist eine wesentliche Tendenz zur Erhöhung der Materialökonomie bei der Konstruktion von Energiehauptausrüstungen zu erkennen, nämlich die, die Leistungen pro Einheit ständig zu vergrößern. Diesem Trend werden natürlich durch Überlegungen im Zusammenhang mit der Betriebssicherheit und der Redundanz, die bei der Konzipierung energetischer Systeme eine wichtige Rolle spielen, Grenzen gesetzt. Betrachtet man den Aufwand an Material, so wollen wir uns in der heutigen Betrachtung im wesentlichen auf das sogenannte aktive Material beschränken. Darunter sollen verstanden werden:

Isolierstoffe, elektrische Leiterwerkstoffe und magnetische Werkstoffe.

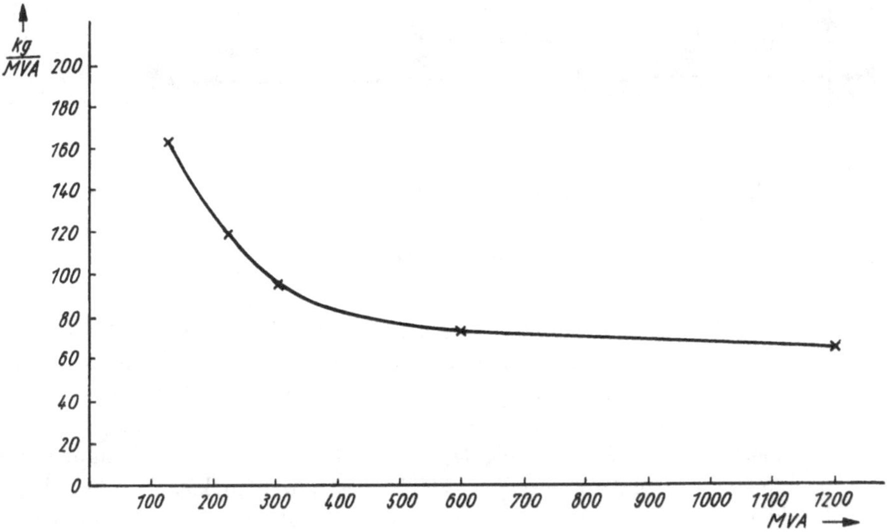

Abb. 3 Leistungsmasse in Abhängigkeit von der Leistung bei Transformatoren

Die vierte Abbildung zeigt, daß beispielsweise in den vergangenen 80 Jahren die zulässigen Dauertemperaturen von Isoliermaterialien stets erhöht wurden. Diese Tendenz ist dadurch bestimmt, daß höhere zulässige Temperaturen, so wie es in der fünften Abbildung dargestellt ist, kleinere Materialaufwendungen erfordern, denn die höhere zulässige Temperatur gestattet, im gleichen Volumen größere Verluste zuzulassen. Das bedeutet aber zwangsläufig, daß damit höhere Stromdichten in den elektrischen Leitern zulässig werden und, wenn wir gleichen Strom, d. h. gleiche Leistung voraussetzen, ergibt sich daraus automatisch, daß man mit kleineren Querschnitten, also bei gleichen Leiterlängen, auch mit kleineren Materialaufwendungen an Leiterkupfer auskommt. Das ist eine außerordentlich wesentliche Tendenz. Auf dem Gebiet der Isolierstoffe ist noch eine zweite interessante Beob-

Asphaltlacke	80 °C	1900
Ölmodifizierte Naturharze	90 °C	1919
Ölmodifizierte Kunstharze	100 °C	1920
Ölmodifizierte Kunstharzlacke	120 °C	1930
Polyurethanlacke	130 °C	1950
Polyester-, Epoxydlacke	150 °C	1955
Esterimidlacke	170 °C	1965
Polyimidlacke	225 °C	1960

Abb. 4 Wärmebeständigkeit der Isolierung elektrischer Leiter

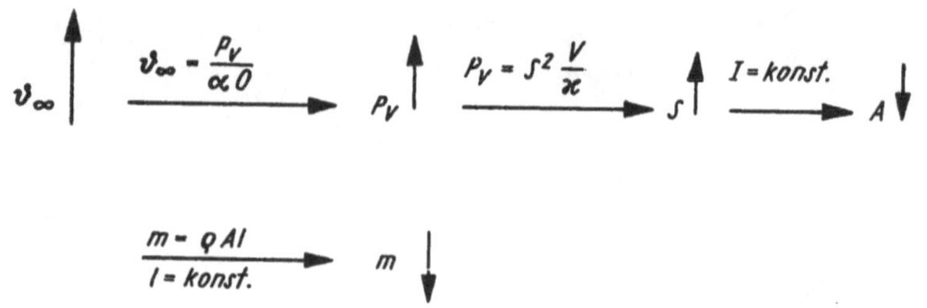

Abb. 5 Zusammenhang von Grenzerwärmung und Leitermasse

achtung zu machen, nämlich die, daß beispielsweise Polyimide neben sehr hohen zulässigen Dauertemperaturen (Abb. 6) sich auch dadurch auszeichnen, daß sie kurzzeitig sehr hoch thermisch überbelastet werden können. So findet man, daß Polyimide während einiger Minuten bis maximal 480° thermisch beansprucht werden können, eine Woche lang mit 340°, einen Monat mit 300°, ein Jahr mit 250° und für ständig mit rund 240 bis 260° belastet werden können, ohne daß sich ihre Eigenschaften unzulässig verändern. Diese Tendenz ist insbesondere deshalb von Bedeutung, weil damit kurzzeitig hochüberlastbare elektrische Antriebsorgane, wie sie in zunehmendem Maße in der BMSR-Technik gefordert werden, so ausgeführt werden können, daß die Isoliersysteme den Betriebsbedingungen angepaßt werden können. Natürlich entsteht sofort die Frage nach der Erhöhung der Ohmschen Verluste mit höherer zulässiger Temperatur durch Querschnittsverringerung. Diese Frage soll später noch einmal aufgegriffen werden.

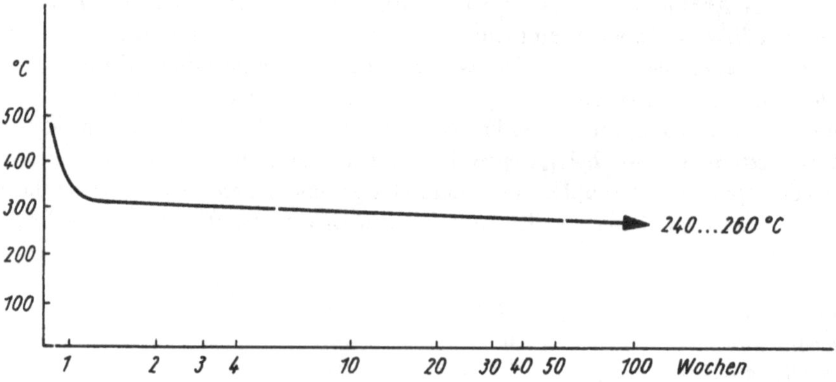

Abb. 6 Zulässige Temperaturen in Abhängigkeit von der Zeit für Polyimid (Kapton)

Man darf feststellen, daß heute Polyester- und Epoxydharzisoliersysteme sowie Isolationssysteme auf Basis von Esterimiden den Stand der Technik darstellen und sicherlich noch auf lange Sicht hin das technische Niveau der Erzeugnisse der Starkstromtechnik bestimmen werden. Diese bisher betrachteten Isoliermittel, die als Tränk-, Klebe- und Bindemittel eingesetzt werden können, sind insbesondere für solche Einrichtungen wie elektrische Maschinen, Transformatoren und Schaltgeräte von Bedeutung. Außerordentlich interessante Entwicklungen setzten in den vergangenen Jahren dadurch ein, daß es möglich wurde, Polyäthylen als Isoliermaterial in die Kabelindustrie einzuführen. Polyäthylen liegt heute sowohl in chemisch vernetzbarer als auch in strahlenvernetzbarer Form vor. In der DDR wurde der Weg zum strahlenvernetzten Polyäthylen gegangen. Wie Abbildung 7

	Massekabel		Polyäthylenkabel	kg/km
Aluminium, Leiter und Abschirmung	1520		1725	
Isolierpapier	597		0	
Imprägniermasse	398		0	
Blei	3835		0	
Stahlband	489		0	
Polyäthylen	0		897	
PVC	0		1089	
	6850	100%	4028	59%

Abb. 7 Vergleich von polyäthylenisoliertem Kabel mit klassischem Kabel gleicher Strombelastbarkeit

zeigt, konnten Kabel mit Aluminiumleiter entwickelt werden, die sich insbesondere dadurch auszeichnen, daß erhebliche Einsparungen beim Aufwand an Isolierpapier, Imprägniermasse, Blei und Stahlband eintraten. Mit nur 59% des Gesamtmaterialaufwandes kann die gleiche Fertigungsaufgabe bei einem Polyäthylenkabel realisiert werden. Die erreichbaren Einsparungen, die sich beispielsweise für das Jahr 1976 ergaben, zeigt Abbildung 8. Diese Einsparungen sind im wesentlichen dadurch möglich geworden, daß das neue Isoliermaterial gegenüber der

Isolierpapier	597 kg/km
Imprägniermasse	398 kg/km
Blei	3835 kg/km
Stahlband	489 kg/km

Technische Daten	M.-Kab.	Poly.-Kab.
zul. Dauertemperatur	55 °C	90 °C
zul. Kurzschlußtemperatur	145 °C	250 °C
Übertragungsleistung bei gleichem Querschnitt	1,0	1,65
Verlust tan δ	10^{-2}	10^{-4}
Verlust, lastunabhängig	300 W/km	30 W/km
Produktivität	1,0	4,16

Abb. 8 Einsparungen bei Polyäthylenkabeln

klassischen Isolierung höhere Dauertemperaturen zuläßt und die Temperaturen im Kurzschlußfall ebenfalls wesentlich gesteigert werden können. Es ergeben sich damit Übertragungsleitungen bei gleichem Querschnitt, die etwa 65% höher liegen. Auf der anderen Seite jedoch bedingt der wesentlich günstigere Verlustfaktor des neuen Isoliersystems im Vergleich zum klassischen, daß die lastunabhängigen, dielektrischen Verluste um eine Zehnerpotenz niedriger liegen als bei klassischen Kabeln. Von besonderer Bedeutung ist in diesem Zusammenhang jedoch noch die Tatsache, daß kontinuierliche Herstellungsverfahren zur Isolierung des Kabels dadurch eingeführt werden konnten, daß die Kabelisolation mit Hilfe von Extrudern aufgebracht wird. Dadurch steigt die Produktivität in der Fertigung um rund 300%. Selbstverständlich erforderte die Einführung polyäthylenisolierter Kabel auch gleichzeitig das Vertrautmachen mit neuartigen Technologien. Insbesondere ergaben sich hier neuartige Probleme bei der Lösung der Strahlenvernetzungsanlagen. Man darf sagen, daß heute polyäthylenisolierte Kabel ein fester Bestand des Produktionsprogrammes unserer Kabelindustrie sind.

Ein weiteres Beispiel für die Anwendung neuartiger Isolierstoffe und die hohe volkswirtschaftliche Bedeutung dieser Maßnahmen soll am Beispiel der Hochspannungsschaltanlagen dargestellt werden. Ende der 60er Jahre wurde die Aufgabe gestellt, Schwefelhexafluorid (SF_6) als Isoliermaterial für Hochspannungsanlagen einzuführen und den gleichen Stoff auch als Löschmittel für Hochspannungsschalter zu verwenden. Umfangreiche Aufgaben der Grundlagenforschung wurden an der Technischen Universität Dresden, dem Institut Prüffeld für elektrische Hochleistungstechnik in Berlin-Marzahn und dem VEB Transformatorenwerk Oberschöneweide geleistet. Im Ergebnis war es möglich, eine neuartige, dem internationalen technischen Stand entsprechende Hochspannungsschaltanlagentechnik zu entwickeln, die nur noch etwa 20% der Volumenaufwendung erfordert, die die klassische luftisolierte Anlage benötigt. In Abbildung 9 ist die Gegenüberstellung dieser beiden Techniken noch einmal herausgestellt. Auf je vier Schaltzellen ergibt sich eine Einsparung von rund 5,7 t Gießharz und Keramik, 13 t Stahl und 2,7 t Kupfer. Das bedeutet, daß bei 50 zu fertigenden Einheiten pro Jahr Materialeinsparungen in der Größenordnung von etwa 1000 t an diesen drei Positionen auftreten. Darüber hinaus ist es möglich, daß ohnedies knappe Bauvolumen wesentlich gegenüber dem bisherigen Bedarf zu reduzieren. Natürlich erforderte der Einsatz des neuen Isoliermediums auch neue Konstruktionsprinzipien und neue Technologien. Es galt, druckfeste Gefäße herzustellen, die die Sammelschienen, die Stromwandler und die Schaltgeräte aufnehmen; entsprechende Gieß- und Schweißverfahren waren zu entwickeln. Die Gefäße, die herzustellen waren, müssen auch gasdicht sein. Darüber hinaus waren spezielle technologische Verfahren zur Trockentechnik, zur Meßtechnik der erreichten Trocknungsgrade im Werk selbst zu entwickeln und neuartige technologische Verfahren zur Montage der Anlagen auf der Baustelle. Heute sind schwefelhexafluoridisolierte Schaltanlagen fester Bestandteil des Fertigungsprogrammes im VEB TRO, und erste Anlagen befinden sich seit mehreren Jahren erfolgreich in Betrieb.

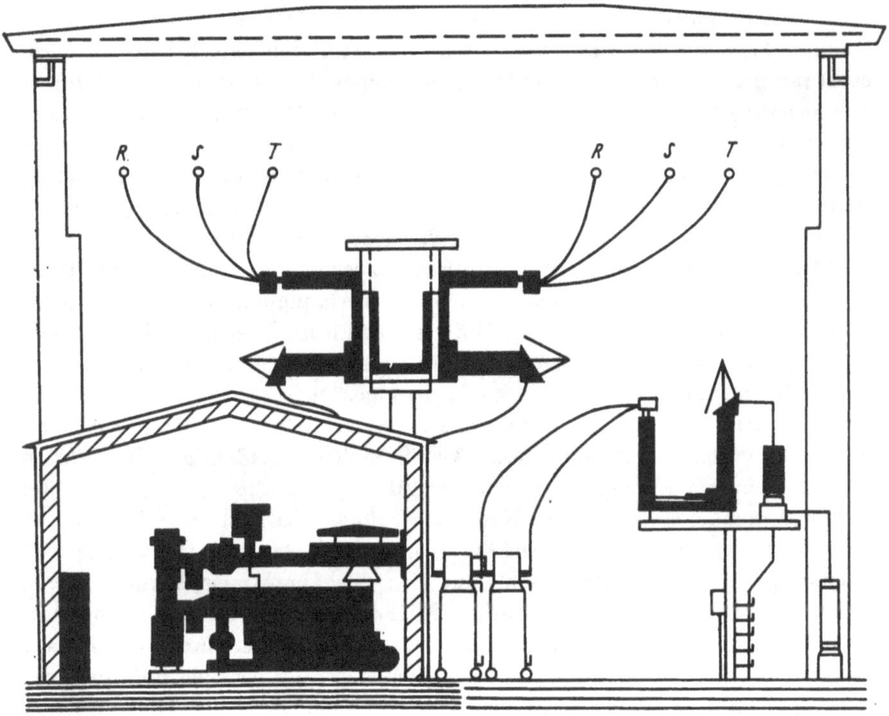

Abb. 9 Vergleich von luft- und SF_6-isolierten Schaltanlagen

Werfen wir einen Blick auf die elektrischen Leitermaterialien. Neben Kupfer hat sich bisher das Aluminium im wesentlichen als Leiterwerkstoff behaupten können. Große Fortschritte wurden in der DDR bei der Kupfersubstitution durch Aluminium in der Kabelindustrie bereits erreicht, und die vergangenen Jahre waren dadurch gekennzeichnet, weitere Wege zur Kupfersubstitution zu suchen. Hierbei ergab es sich, daß von besonderem Interesse der Ersatz von Kupfersteuerleitungen, wie sie bei der Realisierung von Prozeßautomatisierungsanlagen in Kraftwerken, chemischen Betrieben oder ähnlichen Großanlagen eingesetzt werden, war. Das Hauptproblem dabei ist das, daß eine Verbindungs- und Anschlußtechnik entwickelt werden muß, die es gestattet, lösbare Verbindungen herzustellen, die betriebssicher sind. Der Ausfall einer einzigen Kontaktstelle in einem solchen automatisierten System eines Kraftwerkes oder eines Chemiebetriebes kann bereits zu schweren Betriebsstörungen führen. Es entstand daher der Gedanke, einen neuartigen Leiter so herzustellen, daß eine Aluminiumseele von einem Kupfermantel umgeben wird. Entsprechende Entwicklungsarbeiten zur Herstellung einer solchen Anlage werden vom VEB KWO gemeinsam mit dem VEB SKET Magdeburg betrieben, und parallel zu den dort laufenden technologischen Entwicklungen und Erprobungen wurden grundlegende Forschungsarbeiten zur Untersuchung des Kontaktverhaltens derartiger Leiter organisiert. Man darf sagen, daß die Kontaktproblematik bei kupferummantelten Aluminiumleitern beherrschbar ist. Das ist mit großer Sicherheit heute bereits aussagbar. Damit steht der Einführung dieser neuartigen Leiter Anfang der 80er Jahre kein Hemmnis mehr im Wege. Kabel und Leitungen im Bergbau oder auf Schiffen ebenfalls durch Aluminiumleiter zu substituieren, ist auf Grund der bestehenden Vorschriften nicht möglich.

Eine andere Position, die es näher zu untersuchen gilt, sind die sogenannten flexiblen Leitungen, wie wir sie z. B. an Schweißgeräten finden, wie sie aber auch in der Haushaltstechnik an jedem elektrischen Haushaltgerät zu finden sind. Diese noch immer aus Kupfer hergestellten Leiter durch Aluminium abzulösen bedeutet, ein Aluminium zu finden, mit dessen Hilfe es möglich ist, Litzenleiter herzustellen. In sehr dankenswerter Weise hat das Forschungsinstitut für NE-Metalle in Freiberg es übernommen, nach neuartigen Legierungen zu suchen und erste Musterleiter herzustellen. Es ist auch gelungen, Partner zu finden, die sich mit der Anschluß- und Verbindungstechnik dieser Aluminiumleiter beschäftigen. Wir stehen hier noch ganz am Anfang einer wissenschaftlich gründlichen Untersuchung der Herstellungstechnologie und des Kontaktverhaltens. Es gibt eine hinreichend gesicherte Auswahl von technologischen Vorzugsvarianten zur Herstellung von Verbindungen solcher Leiter, es fehlt uns aber noch immer ein Partner, der in der Lage wäre, auch den physikalischen Mechanismus des Kontaktes von Aluminiumleitern gründlich zu erforschen. Die stets auf Aluminium vorhandenen Oxidhäute bereiten uns erhebliche Schwierigkeiten bei der genauen Erfassung des Kontaktmechanismus, seiner Beschreibung, seiner Modellierbarkeit und insbesondere der Ableitung von Schlußfolgerungen zur Herstellung sicherer Kontaktstellen. Sollen flexible Leiter, die bisher immer aus Kupfer hergestellt werden, künftig aus Aluminium gefertigt werden, so ist das eine wesentliche Vorraussetzung, daß eine sichere Kontaktiertechnik beherrscht wird.

Ein außerordentlich breites und interessantes Gebiet ist das der Fernmeldeleitungen. Hier werden Kabel für den Nieder-, Träger- und Hochfrequenzbereich benötigt. Zweifellos ist es auch in diesem Gebiet möglich, kupferummantelte Aluminiumleiter einzusetzen. Von außerordentlich großem Interesse ist jedoch der sich immer stärker abzeichnende Einsatz von Lichtleitern in diesem Gebiet. Lichtleiter, verarbeitet zu Lichtleiterkabeln und diese versehen mit den entsprechenden optischen Ein- und Auskopplungsgeräten, stellen eine wichtige Entwicklungsrichtung für die Fernmeldetechnik dar. Literaturberichte sprechen heute von Versuchsstrecken, die zwischen 40 m und 50 km liegen. Dabei werden Kabel eingesetzt, deren Dämpfungswerte zwischen rund 4 und 0,6 dB pro Kilometer liegen. Dementsprechend variieren auch die Angaben der erforderlichen Verstärkerämter und deren Abständen von Werten zwischen einigen km bis zu 70 km und mehr. Der große Vorteil der Lichtleitertechnik, nämlich hohe Informationsdichten zu erreichen und störungsfrei und abhörfrei arbeiten zu können, ist eine wesentliche Seite der Lichtleitertechnik. Es gibt Einschätzungen, wonach mit einem kg Lichtleiter etwa 1 000 bis 10 000 kg Kupfer je nach Einsatzgebiet ersetzt werden können. Damit wird einmal mehr deutlich, welche hohe Bedeutung die Lichtleitertechnik auch für die Kupfersubstitution hat. Es soll hier noch einmal besonders hervorgehoben werden, daß in zunehmendem Maße die Lichtleitertechnik auch in der Prozeßautomatisierung Bedeutung gewinnt. Wenn man einmal überlegt, daß die Gesamtkosten einer Prozeßautomatisierungsanlage zu etwa 30 bis 60% Kosten für Verkabelungen darstellen, so wird deutlich, daß auch hier ein sehr hoher Einsatz an Kupferleitern erforderlich ist. Wenn man nur annimmt, daß etwa die Hälfte aller Signalübertragungsstrecken eines Prozeßautomatisierungssystems — und größere Entfernungen als zwei km werden dabei nur selten vorkommen — durch Lichtleiter realisiert wird, so wird ersichtlich, welche Bedeutung die Möglichkeit des Einsatzes von Lichtleitern auch in der Prozeßautomatisierung hat. Dabei muß noch festgestellt werden, daß die Forderungen in bezug auf Dämpfung und Kanalbreite in der Prozeßautomatisierung erheblich niedriger liegen als in der Nachrichtentechnik. Es ist daher zu erwarten, daß in Zukunft in zunehmendem Maße die Lichtleitertechnik auch die Systemgestaltung in der Prozeßautomatisierung beeinflussen wird.

Ich möchte mich nun der dritten Gruppe der Werkstoffe, die ich angekündigt habe, zuwenden, nämlich den magnetischen Werkstoffen. Dabei soll noch einmal davon ausgegangen werden, daß die zunehmend immer höher zulässige Dauertemperatur von Isoliersystemen es möglich machte, den spezifischen Aufwand an Leitermaterial bei Energiehauptausrüstungen reduzieren zu können. Damit entsteht natürlich sofort die Frage nach der Veränderung des Wirkungsgrades. Höhere Stromdichte bedeutet höhere Verluste pro Volumeneinheit, und das bedeutet Verringerung des Wirkungsgrades. Aber gerade an dessen Erhalt oder Verbesserung sind wir wesentlich interessiert, bedeutet doch die Übertragung von Verlusten erhöhte Aufwendungen im Übertragungssystem bis hin zum Generator. Die Hauptreserve, die zu erkennen ist, um den Verlustanstieg in den elektrischen Leitern bei Ausnutzung der höheren zulässigen Dauertemperaturen kompensieren zu können, sind die magnetischen Werkstoffe. Zum anderen sei der Vollständigkeit halber hier nochmals darauf hingewiesen, daß auch die Möglichkeit der Vergrößerung der Leistungen pro Einheit, so wie es am Beispiel der Transformatorproduktion schon gezeigt wurde, eine weitere Möglichkeit ist. Diese soll aber hier nicht weiter verfolgt werden.

In der Abbildung 10 ist ein Überblick über die auftretenden Kupfer- und Eisenverluste, wie sie bei Gleichstrommaschinen (Abb. 10 a) und Drehstromasynchronmaschinen (Abb. 10 b) mittlerer Leistung auftreten gegeben. Man kann erkennen, daß bei Gleichstrommaschinen zwischen 15 und 30% der Gesamtverluste solche sind, die in der Erregerwicklung auftreten. Bei Drehstromasynchronmaschinen liegen die Eisenverluste, d. h. die Ummagnetisierungsverluste bei etwa 25%, und in den Kupferverlusten enthalten sind noch die, die der Magnetisierungsstrom hervorruft. Das Problem soll im folgenden für Gleich- und Drehstrommaschinen getrennt betrachtet werden.

Bei den Gleichstrommaschinen ist sofort zu erkennen, daß der Ersatz der Er-

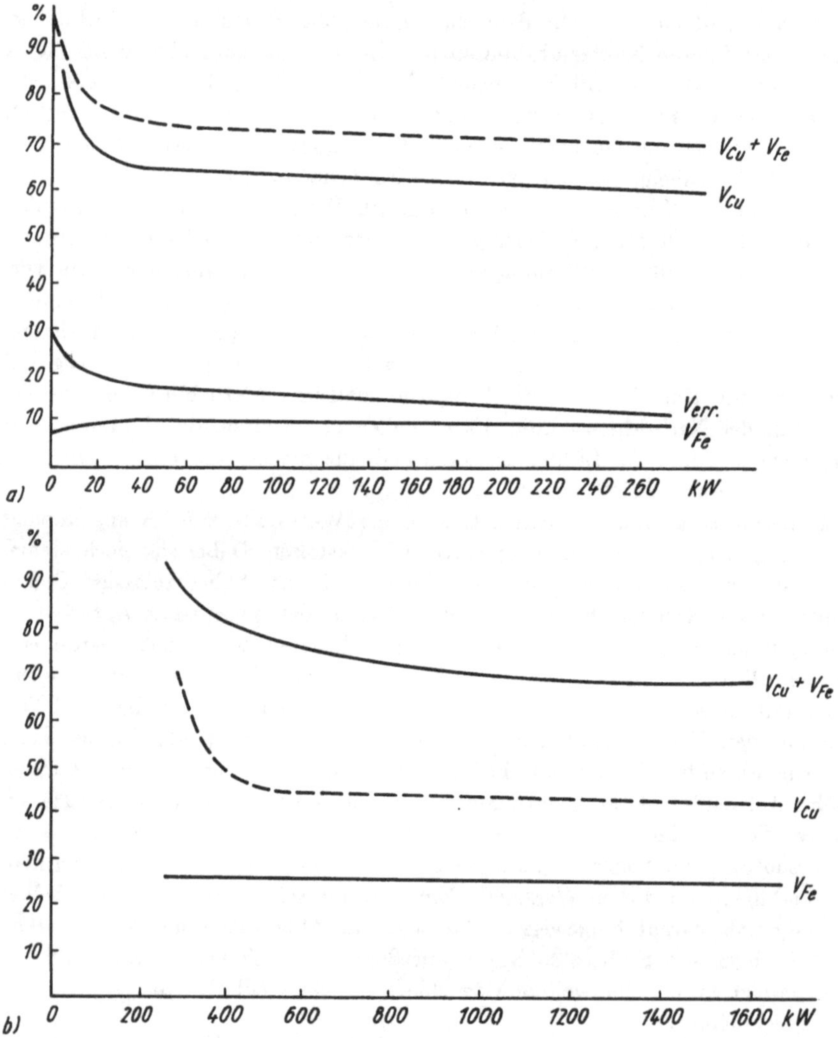

Abb. 10 Verlustaufteilung bei Gleichstrommaschinen (10 a) und Asynchronmotoren (10 b)

regerverluste einen beachtlichen Einfluß auf den Wirkungsgrad hat. Mit großem Interesse wurden daher in den vergangenen Jahren die Entwicklungen auf dem Gebiet der hartmagnetischen Werkstoffe verfolgt. Seit Ende des vorigen Jahrhunderts konnten Magnetwerkstoffe insbesondere zunächst auf der Basis von AlNiCo-Legierungen sehr progressiv weiterentwickelt werden, wie Abbildung 11 zeigt, in der das maximale Energieprodukt in Abhängigkeit von der Zeit dargestellt wurde.

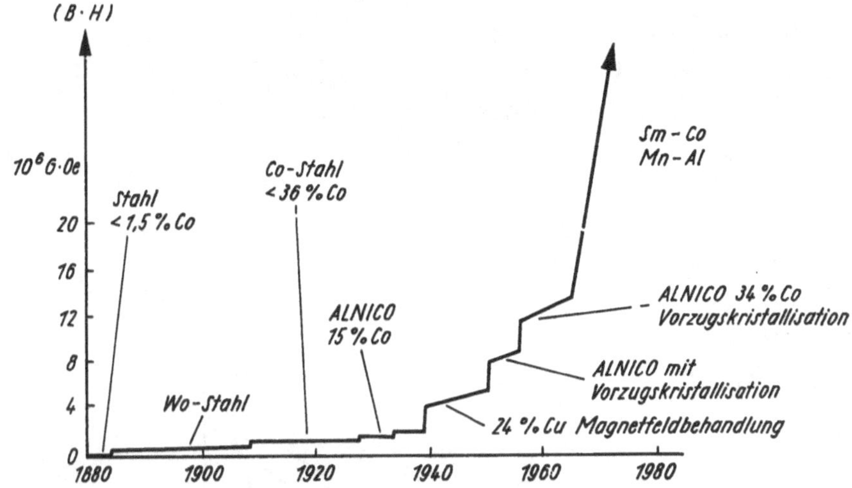

Abb. 11 Entwicklung der maximalen Energie von Hartmagnetika

In den letzten Jahrzehnten traten neben den klassischen AlNiCo-Verbindungen in verstärktem Maße Ferrite in den Vordergrund. Wie Abbildung 12 zeigt, haben zwar die AlNiCo-Legierungen den Vorteil der sehr hohen Remanenzinduktion, aber andererseits auch den Nachteil einer nur sehr kleinen Koerzitivfeldstärke. Bei den Ferriten widerum liegen die Remanenzinduktionen nicht sehr hoch, die Koerzitivfeldstärken jedoch sind beachtlich höher als bei AlNiCo. Das ist für den Einsatz in elektrischen Maschinen deshalb von besonderer Bedeutung, weil infolge der sogenannten Ankerquerfelder eine entmagnetisierende Wirkung auf das Magnetsystem entsteht und bei Überlastungsfällen soweit führen kann, daß ein eingesetztes Material seinen Magnetismus teilweise verlieren kann. Darüber hinaus ergeben sich große technologische Probleme bei der Montage permanenterregter Maschinen und der anschließend erforderlichen Aufmagnetisierung des Magnetsystems. Es war daher mit großem Interesse in den vergangenen Jahren festzustellen, daß neuartige Magnetsysteme zunehmend an Bedeutung gewinnen. Da waren zunächst einmal Samarium-Kobalt-Verbindungen, die in den Mittelpunkt des Interesses rückten, wobei jedoch die Giftigkeit der Ausgangsstoffe erhebliche Schwierigkeiten für den Herstellungsprozeß erwarten lassen und zum anderen auch diese Werkstoffe in den vergangenen Jahren einer beachtlichen Preisveränderung unterlegen waren. Es war daher von großer Bedeutung, daß in den vergangenen Jahren in zunehmendem Maße von Mangan-Aluminium-Kohlenstoff-Verbindungen gesprochen wurde. Sie zeichnen sich dadurch aus, daß sie wesentlich höhere Remanenzinduktionen als Ferrite aufweisen und dabei Koerzitivfeldstärken haben, die etwa vergleichbar mit denen der Ferrite sind. Man darf sagen, daß diese Werkstoffe noch nicht hinreichend erforscht sind und daß weder für die Manganverbindungen noch für die Samarium-Kobalt-Verbindungen großtechnische Produk-

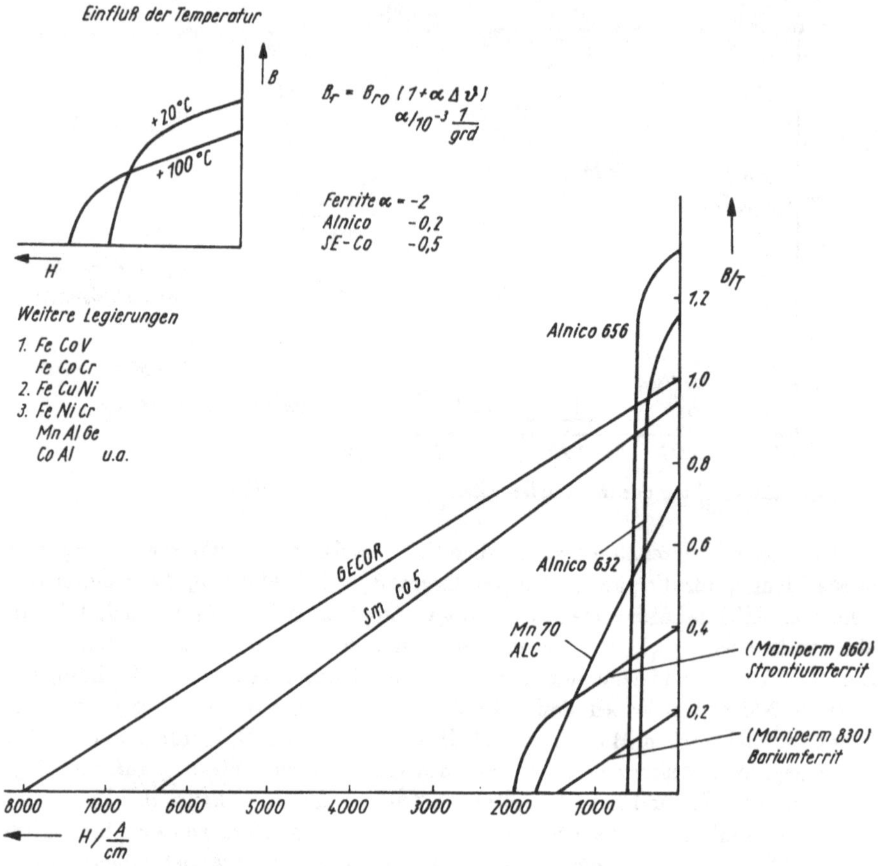

Abb. 12 Entmagnetisierungskennlinien von Hartmagnetika

tionen schon laufen, obwohl sehr deutlich zu erkennen ist, daß auf der Basis dieser neuartigen Hartmagnetika neue Generationen elektrischer Maschinen entstehen. Auf dem Gebiet der Präzisionskleinst- und kleinmotoren sind die heute angewendeten Konstruktionsprinzipien ohne neuartige hartmagnetische Werkstoffe überhaupt nicht denkbar. Es gibt bereits Forschungen, die sich das Ziel gestellt haben, elektronisch gesteuerte Kleinstmotoren mit Drehzahlen von einigen Hunderttausend Umdrehungen pro Minute zu realisieren, ja es wird schon davon gesprochen, daß es möglich sein müßte, Motoren mit einer maximalen Drehzahl bis zu einer Million U/min herstellen zu können. Sicherlich sind das im Augenblick noch utopische Zielstellungen, aber es ist doch interessant zu erkennen, daß hier in der Kombination des neuen Magnetwerkstoffs auf der einen Seite mit den Möglichkeiten der Mikroelektronik und Leistungselektronik, völlig neuartige Qualitäten auch bei einer klassischen Gruppe elektrischer Erzeugnisse, wie sie die Maschinen darstellen, möglich ist. Zum anderen gestattet der Einsatz derartiger hartmagnetischer Werkstoffe auch den Wegfall der Erregerwicklung bei klassischen Gleichstrommaschinen bis in den Leistungsbereich von einigen Hundert kW hinein. Durchgeführte Berechnungen zeigen, daß Materialeinsparungen bei Einsatz von Samarium-Kobalt-Magneten für eine Maschine von ca. 10 bis 20 kW in der Größenordnung von etwa 20 bis 25% möglich ist. Das betrifft das einmalig eingesetzte Material. Hinzu kommt die Senkung der erforderlichen Erregerleistung während der gesamten Betriebsdauer der Maschine, die, wie in Abbildung 10 bereits gezeigt wurde, zwischen 15 und 30% je nach Maschinenleistung noch einmal liegen. Damit wird der Einsatz hartmagnetischer Werkstoffe zu einem volkswirtschaftlich interessanten Faktor, wenn man bedenkt, daß in hohem Maße Gleichstrommotoren in den vielfältigsten Einsatzgebieten in der Industrie zur Anwendung kommen. Einige weitere Angaben zum Vergleich der verschiedenen Hartmagnetika befinden sich in Tabelle 1. Die dort aufgeschriebenen Werte über den Preis pro Energieeinheit oder den Preis pro Masseeinheit müssen mit etwas Vorsicht betrachtet werden, denn sie stellen lediglich Werte für den reinen Werkstoff dar, ohne daß dabei berücksichtigt worden ist, daß bestimmte spezifische Konstruktionsprinzipien beim Einsatz des jeweiligen Materials erforderlich sind und dadurch beispielsweise bestimmte Stahlteile noch zur Flußkonzentration erforderlich sind, die in die Massebilanz mit eingehen. Eine ganz genaue Gegenüberstellung der verschiedenen Magnetmaterialien ist daher nur möglich, wenn die Gesamtkonstruktion einer elektrischen Maschine, zugeschnitten für den jeweiligen Werkstoff, vorgelegt und durch-

Tabelle 1
Vergleich von hartmagnetischen Werkstoffen

ALNICO	ϱ = 7,3...7,4 g/cm³	~ 9 M/Ws	40...50 M/kg
Ferrit	4,5...5 g/cm³	~ 2,5...3 M/Ws	~ 30 M/kg
Sm-Co	8,5 g/cm³	~ 60 M/Ws	~ 400 M/kg
Mn AlC*		9 M/Ws	~ 50 M/kg

* Schätzung

Energieprodukt (BM) max

ALNICO	40...60 mWs/cm³
Ferrit	28...30 mWs/cm³
Mn 70 ALC	60 mWs/cm³
Sm Co_5	160 mWs/cm³

Vergleich ausgeführter el. Maschinen mit verschiedenen Erregersystemen

Elektromagnetische Erregung	Permanenterregte Maschine Sm Co
54 kg	39 kg

gerechnet wird. Die hier gemachten Angaben geben jedoch schon gute Orientierungen über den ökonomischen Nutzeffekt. Es zeigt sich dabei sehr deutlich, daß die Mangan-Aluminium-Kohlenstoffverbindungen außerordentlich ökonomisch sind und technisch interessante Eigenschaften aufweisen.

Wendet man sich der Drehstromtechnik zu, so ergeben sich hier im wesentlichen zwei Probleme, nämlich einmal die sogenannten spezifischen Eisenverluste zu senken und zum anderen die Magnetisierbarkeit zu erhöhen. Am Beispiel von Transformatoren ist das sehr deutlich in Abbildung 13 dargestellt. Dort ist auf-

	1980	1985	1990
$V_{1,5}$	0,85	0,79	0,7 W/kg
$V_{1,7}$	1,23*	1,12*	1,02 W/kg
B_8	1,8	1,9	1,94 T
B_{10}	1,88	1,92	1,96 T
B_{25}	1,95	1,97	1,99 T
B_{50}	1,98	2,0	2,02 T

Abb. 13 Entwicklungsforderungen für Trafobleche

gezeichnet, in welcher Weise sich in den kommenden Jahren die Verlustziffern weiterentwickeln müssen und in welchem Maße dabei gleichzeitig die Magnetisierbarkeit des Magnetmaterials verbessert werden muß. Das bedeutet praktisch, daß Überlegungen angestellt werden müssen, wie das Dynamo- und Transformatorband weiterentwickelt werden kann. Wir sehen hier zwei wesentliche Ausgangspunkte. Das ist einmal die Weiterentwicklung der Ausgangslegierungen, die zur Herstellung von Dynamo- bzw. Trafoband benötigt werden. International zeigt es sich, daß große Anstrengungen unternommen werden, den Kohlenstoff- und den Sauerstoffanteil zu reduzieren, und daß es zahlreiche Versuche gibt, Legierungen mit Kobalt, Nickel oder Phosphor zum Einsatz zu bringen. Als zweites werden Möglichkeiten in der gezielten Erzeugung bestimmter Gitterstrukturen während des metallurgischen Prozesses gesehen. In beiden Fällen sind natürlich umfangreiche Forschungsarbeiten erforderlich, wobei insbesondere die Einflußnahme im metallurgischen Prozeß erhebliche Aufwendungen für die erforderlichen technischen Einrichtungen mit sich bringt. Es ist aber einzuschätzen, daß die Weiterentwicklung dieser wichtigen Magnetmaterialien nur durch gleichzeitige Einflußnahme auf Ausgangslegierung und Verarbeitungsprozeß möglich ist. Mit Rücksicht darauf, daß z. B. die Drehstromasynchronmaschinen über 60% des gesamten Produktionsvolumens des Elektromaschinenbaus ausmachen und auch die in der Industrie am häufigsten eingesetzte Antriebsmotoren sind, wird deutlich, wie notwendig es ist, auf dem Gebiet der weichmagnetischen Werkstoffe, der Transformator- und Dynamobänder wissenschaftliche Grundlagen zur Weiterentwicklung dieser Werkstoffe zu erforschen und gleichzeitig auch die technologischen Prozesse zu ihrer Herstellung weiterzuentwickeln.

Es sei mir gestattet, zum Abschluß noch ein neuartiges Bewegungselement in Erinnerung zu bringen, dessen Einsatz auch nur durch Überlegungen zu einem neuartigen Werkstoff möglich wurde. Ich meine den sogenannten piezoelektrischen Schrittmotor. Die in der DDR gefertigten Piezolane weisen außerordentlich günstige Daten der piezostriktiven Konstante aus, die es ermöglichte, Schrittmotoren so herzustellen, wie sie in Abbildung 14 im Prinzip dargestellt sind, wo zwischen zwei magnetischen Spannungsstationen ein piezoelektrisches Material eingespannt ist. Durch einen Ein- und Abschaltrhythmus der beiden Magnete und des Piezomaterials, so wie in Abbildung 15 dargestellt ist, läßt sich schließlich erreichen,

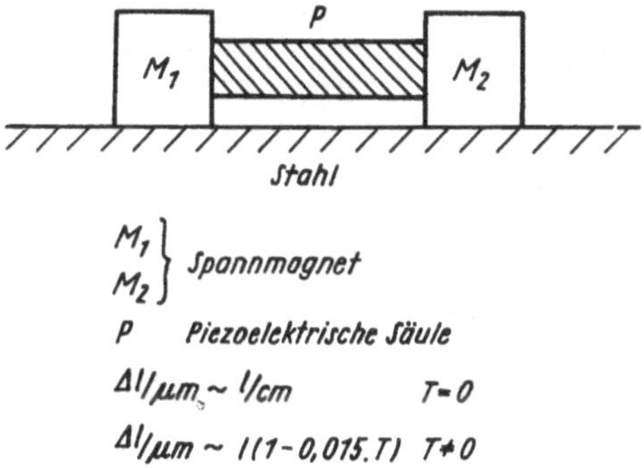

Abb. 14 Prinzip des Piezoschrittmotors

daß eine derartige Anordnung auf einer Stahlunterlage sich schrittweise weiterbewegt. Die dabei erreichbaren Schrittweiten liegen zwischen Bruchteilen eines μm bis hin zu etwa 10 bis 20 μm. Die Hoffnung, derartige Schrittantriebe auch im Bereich von mehr als 100 N einsetzen zu können, hat sich leider nicht bewahrheitet. Es ist daher jetzt das Anwendungsgebiet derartiger Schrittantriebe im wesentlichen eingeengt auf solche Aufgabenstellungen, bei denen nur geringe Gegenkräfte auftreten, wie es z. B. in der Mikroskopie und der Röntgentechnik der Fall ist. Es konnten im Labormaßstab bereits Schrittmotoren hergestellt werden, die mit großer Präzision und vor allem auch sehr hoher Lebensdauer ihre Aufgabe erfüllen. Auch diese Entwicklung war nur dadurch möglich, daß in sehr enger Zusammenarbeit Probleme der Werkstoff- und der Erzeugungsentwicklung Hand in Hand gingen.

Ich habe versucht, zu den drei Materialgruppen Isolierstoffe, elektrische Leiterwerkstoffe und Magnetwerkstoffe einige Aspekte der Entwicklung der vergangenen Jahre und einen Ausblick auf die nächsten Jahre zu geben. In sehr hohem Maße ist unser verehrter Kollege Werner Lange mit diesen Fragen in den vergangenen Jahren konfrontiert gewesen. Ich möchte mich heute hier auch zugleich im Namen meiner Kollegen herzlich bei Ihnen, lieber und verehrter Kollege Werner Lange, bedanken für die große Unterstützung, die Sie uns in den vergangenen Jahren

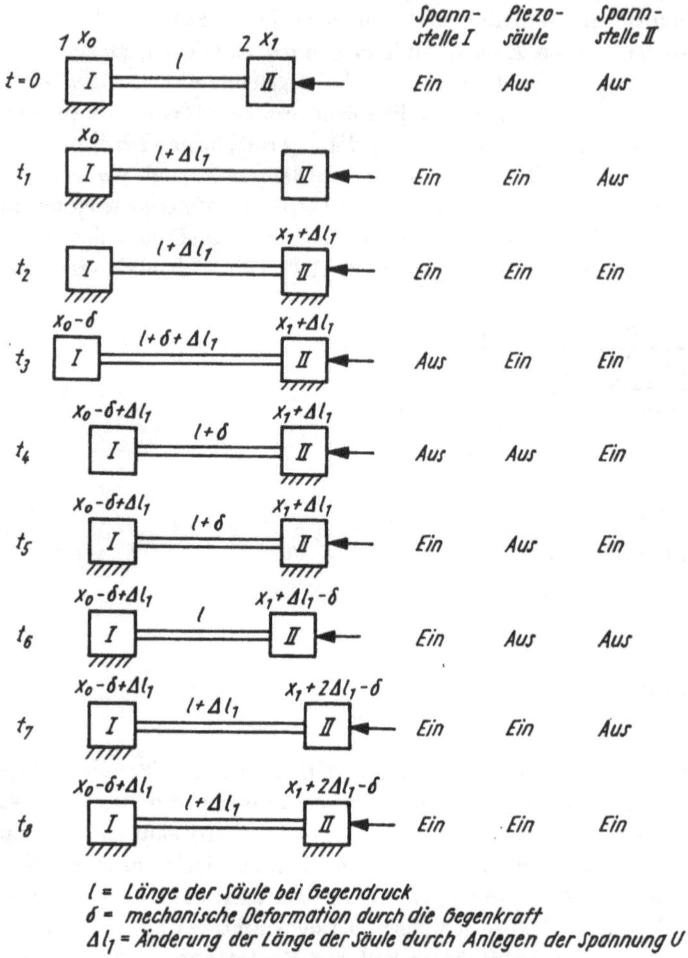

Abb. 15 Schaltfolge für Piezoschrittmotore

bei unserer Arbeit gegeben haben, für die zahlreichen sachkundigen Diskussionen, die wir miteinander geführt haben und die von großer Bedeutung für die Weiterentwicklung der Elektrotechnik gewesen sind. Ich hoffe, daß wir auch in den kommenden Jahren noch sehr oft zusammenarbeiten werden. Ich möchte mich nochmals bei Ihnen sehr herzlich bedanken.

O. Henkel

Tendenzen der Entwicklung von Sonderwerkstoffen und ihre Bedeutung für den wissenschaftlich-technischen Fortschritt

1. Einleitung

Die Auswahl geeigneter Werkstoffe und die Verbesserung ihrer Eigenschaften ist eine Aufgabe, die die Menschheit in ihrer gesamten Entwicklungsgeschichte beschäftigt hat. Vom Grad der Beherrschung dieser Aufgabe wurde und wird das Entwicklungstempo des technischen und des gesellschaftlichen Fortschritts wesentlich mitbestimmt. Erstaunlich ist jedoch, daß erst in den letzten 100 Jahren und mit besonderer Intensität erst seit 25 Jahren von rein empirischen Untersuchungsmethoden zur Werkstoffwissenschaft übergegangen wurde, die auf den Naturwissenschaften, insbesondere der Physik und der Chemie, aufbaut.

Auf Grund der Erschöpfung bzw. Verarmung der Rohstoffquellen und der sich verschärfenden Energiesituation und Umweltproblematik treten neben die klassischen Aufgaben der Werkstoffwissenschaft, die Eigenschaften der Werkstoffe zu verbessern und an die neuesten Anforderungen der Technik anzupassen als auch neue technische Bedürfnisse zu erreichen, in Zukunft mehr und mehr Fragen der Materialökonomie. Der Kreis der Verknüpfungen von Erforschung bzw. Entwicklung von Werkstoffen — Rohstoffproblematik — Energieproblematik — Umweltproblematik wird andererseits dadurch geschlossen, daß heute die Entwicklung von Werkstoffen für neue Arten der Energieumwandlung und -übertragung, für Rohstoffaufbereitungsanlagen und für Umweltreinigungsanlagen (z. B. über Magnetfeldscheidung) zu den wichtigsten Aufgaben der Werkstofforschung gehört.

Weitere wichtige gesellschaftliche Bedürfniskomplexe, denen sich die Werkstoffforschung und -entwicklung schwerpunktmäßig widmet, sind die Elektronik und besonders die Mikroelektronik, die ihrerseits eine Schlüsselstellung bei der Durchsetzung des wissenschaftlich-technischen Fortschritts einnimmt, der Werkzeugmaschinenbau, der Elektromaschinenbau aber auch die Humanmedizin (Implantate!). Auch für die Weltraumforschung werden neue Werkstoffe benötigt (andererseits ermöglichen Weltraumflüge wertvolle Experimente nicht nur für die Naturwissenschaften, sondern auch zur Werkstoffwissenschaft).

Zunächst noch einige Bemerkungen zu den Begriffen „Werkstoffe" und „Sonderwerkstoffe": Als Werkstoffe kann man im allgemeinen Stoffe oder Stoffkombinationen bezeichnen, die durch Geschick und Aufwand des Menschen einen gewissen Grad der Vervollkommenheit erhalten und allein oder mit anderen Objekten kombiniert zur Herstellung bestimmter Erzeugnisse Verwendung finden. Die Frage danach, was ein „Sonderwerkstoff" ist, ist nicht trivial, weil sie sich nicht mit Hilfe der Herstellung und der Eigenschaften allein beantworten läßt. In einer Näherung kann man unter dem Begriff Sonderwerkstoffe diejenigen Werkstoffe zusammenfassen, die sich von den traditionellen Massenwerkstoffen durch ihre Anwendung auf Grund hochgezüchteter spezieller physikalischer Eigenschaften bzw. Eigenschaftskombinationen und/oder durch ihre Herstellung nach besonderen, nicht konventionellen Verfahren unterscheiden. Diese Begriffserklärung ist zwar weitestgehend zutreffend, aber doch noch zu grob. Bei den Sonderwerkstoffen treten neben den hochgezüchteten Eigenschaften und spezifischen Herstellungstechnologien in der Regel folgende zusätzliche Merkmale auf, die zur Charakterisierung herangezogen werden können:

- die Fragen der Rohstoffresourcen treten weniger ausgeprägt auf als bei Massenwerkstoffen, ausgenommen die Edelmetalle
- der Veredlungsgrad, d. h. die Wertzunahme vom Rohstoff bis zum Sonderwerkstoff ist besonders hoch
- der Übergang vom Werkstoff zum Halbzeug bzw. zum Bauelement ist weit gediehen
- an die Fähigkeit zur Herstellung und die Reproduzierbarkeit werden besonders hohe Anforderungen gestellt
- die Eigenschaften der eingesetzten Sonderwerkstoffe bestimmen weitgehend den Wert eines Finalproduktes, aber die Kosten machen oft nur einen sehr geringen Teil der Gesamtkosten aus. Es sind durchaus keine Ausnahmefälle, wenn die Kosten des Sonderwerkstoffes nur 1% des Bauelements und auf das Finalprodukt bezogen, nur 1‰ ausmachen.

Der ökonomische Effekt der Sonderwerkstoffe liegt andererseits oftmals darin, daß geringe Eigenschaftsverbesserungen zu beträchtlichen Einsparungen an Energie und Verarbeitungskosten führen können. Erinnert sei in diesem Zusammenhang auch an die Elektrobleche und an die Hartmetalle. In industriell hochentwickelten Ländern kann die Senkung der Verluste in Transformatoren und Dynamoblechen oder die Erhöhung von Standzeiten der Werkzeuge zu einem außerordentlich hohen volkswirtschaftlichen Nutzen führen.

2. Tendenzen in der Entwicklung von Sonderwerkstoffen

Der Ausgangspunkt für die Entwicklung und Weiterentwicklung von Sonderwerkstoffen ist das physikalische Verständnis der kondensierten Phasen. Nicht zuletzt wegen dieser Verknüpfung der Werkstoffwissenschaft mit der Festkörperphysik nimmt diese im Weltmaßstab über 50% der Forschungskapazität innerhalb der Physik ein. Für die Werkstofforschung sind dabei vor allem solche Arbeiten von Interesse, in denen die makroskopischen Kenngrößen auf mikroskopische Einflüsse (z. B. geometrische Struktur, Elektronenstruktur) zurückgeführt werden. In vielen Fällen, z. B. für amorphe Stoffe, heterogene Stoffe und andere metastabile kondensierte Zustände, die international gesehen immer mehr an Bedeutung gewinnen, besteht zusätzlich das Problem, die Korrelationen der makroskopischen Gebrauchseigenschaften und festkörperphysikalischen Grundgrößen zur Beschreibung des Verhaltens dieser Stoffe aufzufinden. Auf der mikroskopischen Ebene liegt der Schwerpunkt der Untersuchungen bei der experimentellen und theoretischen Bestimmung der Elektronenstruktur und der Anregungsspektren in Abhängigkeit von der räumlichen Verteilung der Atome, d. h. von der topologischen bzw. kompositionellen Nah- bzw. Fernordnung

Tabelle 1
Schwerpunkte im Vorfeld der Entwicklung von Sonderwerkstoffen

- elektronische Struktur in Abhängigkeit von der räumlichen Atomverteilung
- elementare Festkörper — Anregungszustände, Zustandsänderungen in geordneten und ungeordneten Systemen;
- Quasiteilchen — Wechselwirkungen
- Eigenschaftsaddition, -kopplung und -multiplikation;
- Interpretation der Gebrauchseigenschaften sowie Korrelation makroskopischer, mikroskopischer und atomistischer Kenngrößen.

Tabelle 2
Tendenzen

a) Kombination von
- Eigenschaften (z. B. magnetischen, elektrischen)
- Effekten
- Stoffen (z. B. Verbundwerkstoffe)
- Verfahren

b) Veränderungen der Abmessungen
- in 1 Richtung: z. B. dünne Bänder ($\sim 1\ \mu m$) für ferromagnetische Werkstoffe bei hohen Frequenzen in 2 Richtungen; dünne Drähte
- in allen 3 Richtungen; kleinste Teilchen

c) Verbesserung der Vollkommenheit
- physikalische Vollkommenheit (z. B. Einkristalle, dissipative Struktur)
- chemische Vollkommenheit
- Ordnung bzw. Unordnung: z. B. PtCo geordnet ferromagnetisch — ungeordnet nicht ferromagnetisch;
- Textur: ein-, zwei- oder dreimal

d) Einsatz „neuer“ Elemente wie Ti, Nb, Sm, Gd, Zr, Y, Dy, Tb

e) Übergang zu nichtmetallischen Werkstoffen (z. B. Chalkogeniden) und komplizierten Strukturen wie $Ni_3B_7O_{13}J$.

f) Übergang zu metastabilen Strukturen (z. B. metallische Gläser, glasartiger Kohlenstoff)

und bei der mikroskopischen Berechnung von Transportprozessen. Beim Übergang zur makroskopischen Ebene werden vorwiegend thermodynamische und statistische bzw. informationstheoretische Methoden angewandt. Um die Eigenschaften der kondensierten Zustände beherrschen zu können, ist es besonders wichtig, die Phasenübergänge in solche Zustände und zwischen ihnen zu verstehen und zu beherrschen.

Eine einheitliche Betrachtung der Entwicklungstendenzen wird dadurch erschwert, daß heute der Gesamtprozeß von der Vorlaufforschung bis zur Produktion und Anwendung in vielen Fällen noch unbefriedigend wissenschaftlich durchdrungen und durch empirisch-induktives Herangehen geprägt ist. Es zeigt sich jedoch, daß die einzelnen Etappen des Zyklus Forschung—Entwicklung—Herstellung—Anwendung von Sonderwerkstoffen auf Grund ihrer starken Verflechtungen und gegenseitigen Beeinflussung nicht mehr weitgehend getrennt voneinander betrieben werden können. Vielmehr erweist es sich als unumgänglich, diesen Zyklus als einheitlichen Prozeß abzusichern und dazu neue Formen der Zusammenarbeit zwischen den Forschungsinstituten und ihren Industriepartnern zu finden.

Im Vordergrund der Werkstoffentwicklung wird in den nächsten Jahren weniger die Entwicklung neuer Stoffklassen und das Auffinden neuer Phänomene stehen, sondern vielmehr die Verbesserung und Optimierung der Eigenschaften bekannter Werkstoffe, von denen die meisten hinsichtlich der erreichbaren Eigenschaften noch nicht ausgeschöpft sind. Schwerpunkte werden die Einengung der Schwankungsbreite bestimmter Eigenschaften und die Beherrschung gegenläufiger Eigenschaftsänderungen durch die Nutzung von Stoffkombinationen sein.

Dabei besteht einerseits die Tendenz, die Verbesserung der Werkstoffeigenschaften dadurch zu erreichen, daß hochreine Einkristalle angestrebt werden. Andererseits ist es ein Charakteristikum der modernen Werkstofforschung, daß ein- und mehrphasige Gefüge, wohldefinierte heterogene Strukturen, amorphe Strukturen und andere kondensierte Zustände, die sich mehr oder weniger weit vom thermischen Gleichgewicht entfernt befinden, in die Untersuchungen einbezogen werden. Da die Nebenbedingungen des thermischen Gleichgewichts, die z. B. in Form der Phasendiagramme ausgedrückt werden können, aufgehoben werden, entstehen neue Freiheitsgrade etwa für die Zusammensetzung und die Struktur und damit weitere Variationsmöglichkeiten für die Eigenschaften der entsprechenden potentiellen Werkstoffe. Um die metastabilen Strukturen realisieren zu können, müssen neue Technologien ihrer Darstellung entwickelt und Möglichkeiten gefunden werden, sie zu stabilisieren. Als wichtigste moderne Technologien seien die schnelle Abschreckung aus der flüssigen Phase, die Abscheidung aus der Gasphase (CVD), das Sputtern, die Implantation, aber auch das Sintern und die Verarbeitung in Pasten genannt. Besonders aussichtsreich und z. T. schon erprobt, sind Experimente unter Schwerelosigkeit, da dann der Unterschied im spezifischen Gewicht verschiedener (nicht mischbarer) Substanzen kaum noch eine Rolle spielt.

Um beispielsweise den amorphen Zustand stabilisieren zu können, müssen im allgemeinen stabilisierende Elemente, sogenannte Glasbildner zulegiert werden. Im Falle des Eisens sind z. B. Phosphor, Kohlenstoff, Bor, Silizium als Glasbildner geeignet.

Die amorphen Metalle, auch Metallgläser genannt, sind sehr fest, zäh, biegsam, korrosionsbeständig und besitzen gute weichmagnetische Eigenschaften, verbunden mit einem im Vergleich zum entsprechenden gewöhnlichen Metall erhöhten elektrischen Widerstand. Es wird angenommen, daß sie in Zukunft vorwiegend als Magnetwerkstoffe eingesetzt werden. So betragen die Ummagnetisierungsverluste etwa nur 25—30% der bisher besten Elektrobleche. Auf Grund ihrer guten elektrischen, magnetischen, mechanischen und Korrosionseigenschaften werden sie heute schon als Abschirmmaterial, z. B. für Kabel eingesetzt.

Außer der engen Verflechtung der Werkstoffwissenschaft mit der Festkörperphysik und -chemie ist die zunehmende theoretische Durchdringung der empirischen („trial-and-error") Verfahren hervorzuheben, die auch weiterhin ihre Bedeutung beibehalten werden. Dabei wird die Rechentechnik zur Versuchsplanung und -auswertung in steigendem Maße eingesetzt.

Die Anforderungen an die Darstellung, insbesondere von Heterostrukturen, und an Charakterisierungsverfahren wachsen in Richtung auf Genauigkeit, Reproduzierbarkeit sowie Steigerung des lateralen und Tiefenauflösungsvermögens.

Für industriell hochentwickelte aber rohstoffarme Länder wie die DDR ist es besonders wichtig, daß die Rohstoffproblematik für die Entwicklung von Sonderwerkstoffen nicht die entscheidende Bedeutung wie im Falle der Massenwerkstoffe spielt und daß der Veredlungsgrad besonders hoch liegt. Durch die Anwendung rationeller, intelligenzintensiver Methoden im Forschungs- und Herstellungsprozeß können solche Länder den Weltstand auf dem Gebiet der Sonderwerkstoffe mitbestimmen und dadurch ihre Nachteile auf dem Rohstoffsektor ausgleichen.

3. Einige wichtige Werkstoffgruppen

Auf dem Gebiet der klassischen *Leiter- und Widerstandswerkstoffe* gehen Forschung und Entwicklung besonders in Richtung erhöhter Reproduzierbarkeit, Langzeitstabilität und Präzision. Daneben gibt es Bemühungen, durch Stoffkombinationen (z. B. Verbundwerkstoffe) die Leitfähigkeitseigenschaften mit guten mechanischen Eigenschaften zu koppeln. Bisher waren keine Tendenzen erkennbar, daß die wichtigsten Leiterwerkstoffe der Elektrotechnik und Elektronik, Kupfer und Aluminium bzw. Edelmetalle (für Schwachstromkontakte) abgelöst werden könnten. Erst in jüngerer Zeit wurde die Aufmerksamkeit wieder auf den schon von Edison für Glühlampen verwendeten *Kohlenstoff* gerichtet. 1976 erschien eine aufsehenerregende Veröffentlichung, nach der auf Basis von Graphit bei Zimmertemperatur eine höhere Leitfähigkeit als bei Kupfer beobachtet wurde. Es ist bekannt, daß die gute, stark anisotrope Leitfähigkeit gewöhnlichen Graphits auf die hohe Beweglichkeit der Ladungsträger innerhalb der hexagonalen Schichtebene zurückzuführen ist, die durch die starke Bindungsenergie von 120 kcal/Grammatom (2 bis 4mal so groß wie in Metallen!) innerhalb des hexagonalen Kohlenstoffnetzwerkes erklärt werden kann: Die thermisch angeregten Phononen besitzen deshalb hohe Frequenzen, und die Elektron-Phonon-Wechselwirkung bleibt klein. Andererseits ist die Zahl der Ladungsträger so gering, daß die Leitfähigkeit trotzdem noch eine Größenordnung unter der von Kupfer liegt. Durch die Einlagerung (Interkalation) von Fremdatomen in das Graphitgitter besteht die Möglichkeit, die Zahl der Ladungsträger wesentlich zu erhöhen, weil das hexagonale Netzwerk der Kohlenstoffatome wie aromatische Riesenmoleküle amphotere Eigenschaften besitzt. Dadurch können diese Atome je nach der Art der eingelagerten Fremdatome Elektronen aufnehmen oder abgeben. Da zwischen den Schichtebenen nur eine geringe Bindung besteht, lassen sich relativ leicht viele Fremdatome einlagern. Damit ist eine beträchtliche Erhöhung der Ladungsträgerkonzentration erreichbar. Mit der Dotierung ist nur eine vernachlässigbare Verringerung der Beweglichkeit verbunden, da die Atome zwischen den Schichten eingelagert sind und somit für die Elektronen keine „Hindernisse" darstellen.

	elektr. Leitfähigk. Ω^{-1} cm^{-1}	Ladungsträgerkonz. cm^{-3}	Beweglichkeiten cm^2/Vs
Material			
Cu	$5{,}9 \times 10^5$	$0{,}8 \times 10^{23}$	32
Al	$3{,}7 \times 10^5$	$1{,}7 \times 10^{23}$	13
Graphit	3×10^4	$2{,}0 \times 10^{19}$	$\sim$ 10 000

Abb. 1 Vergleich der elektrischen Leitfähigkeiten von Kupfer, Aluminium und Graphit

Die Möglichkeit, die Leitfähigkeit des Graphits durch Interkalation zu erhöhen, hängt also unmittelbar mit dessen quasizweidimensionaler Struktur zusammen. Außer als Graphit kann Kohlenstoff in mehreren anderen Modifikationen vorkommen, als Diamant, Ruß, als glasartige Substanz, in einer speziellen, bisher nur in Meteoriten nachgewiesenen Modifikation und als Carbin, einer quasieindimensionalen Struktur mit extremer mechanischer Festigkeit.

Die wichtigsten Eigenschaften der Kohlenstoffwerkstoffe sind neben der guten elektrischen Leitfähigkeit die chemische Unempfindlichkeit, die Stabilität bis zu hohen Temperaturen, die damit verbundene Korrosionsbeständigkeit sowie die z. T. ausgezeichneten mechanischen Eigenschaften. Dazu kommt die gute Gewebeverträglichkeit, womit sich der internationale Trend erklären läßt, glasartigen Kohlenstoff immer mehr für Humanimplantate in der Herz- und Gefäßchirurgie, der Kiefer- und Gehirnchirurgie usw. einzusetzen.

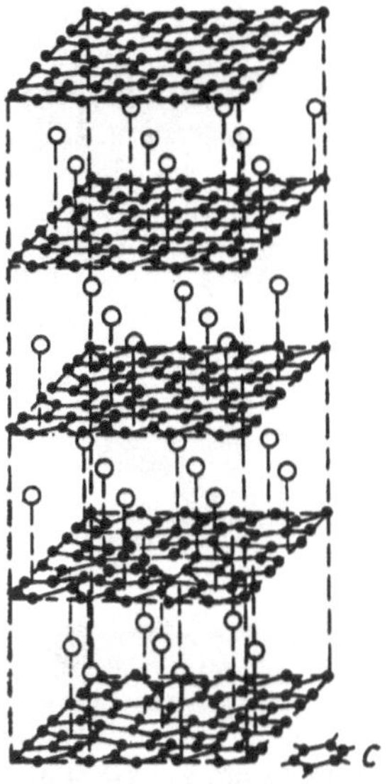

Abb. 2 Schematische Darstellung einer Graphit-Interkalationsverbindung: bei der Interkalation werden Fremdatome zwischen die Schichtebenen eingelagert

Interkalant	Erhöhung der elektrischen Leitfähigkeit gegenüber Graphit a-Richtung	c-Richtung	σa/σCu
Donatoren			
K	4	300	0,17
Akzeptoren			
JCl	13	0,06	0,55
HF + SbF_5	40	–	1,4...2

Abb. 3 Ergebnis der Interkalation: erhöhte Leitfähigkeit

Kohlenstoffwerkstoffe werden heute vor allem für Raketendüsen, als Hitzeschilder in der Weltraumforschung, für spezielle Schmelztiegel, als Elektrodenmaterial usw. eingesetzt. Daneben wird schon heute in der Industrie und in der Forschung ein breites Spektrum von Sonderwerkstoffen auf der Basis von Kohlenstoff angewendet, von denen hier nur der natürliche und der künstliche Diamant als härtester Werkstoff, Graphitfasern zur Herstellung von Verbundwerkstoffen, Bürsten für elektrische Maschinen und spezielle Lager erwähnt seien.

Da die Grundlagenforschung auf dem Gebiet der Kohlenstoffwerkstoffe am Anfang einer neuen Entwicklung steht, ist zu erwarten, daß weitere interessante Ergebnisse in dieser Richtung gefunden werden.

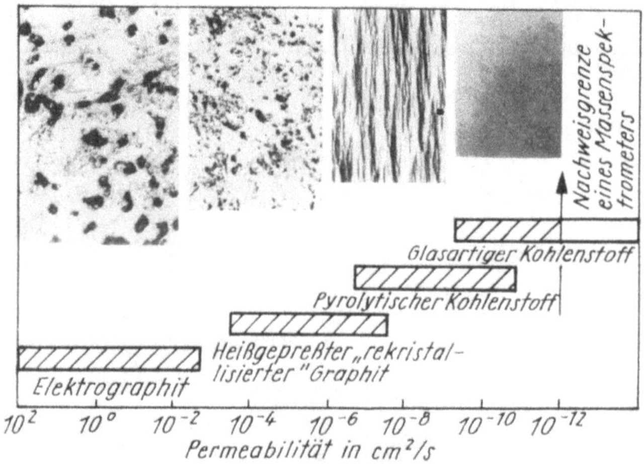

Abb. 4 Gasdurchlässigkeit verschiedener Sonderkohlewerkstoffe

Wir sahen, daß die besonderen Werkstoffeigenschaften von Graphit bzw. Carbin eng mit deren quasizweidimensionaler bzw. quasieindimensionaler Struktur zusammenhängen. Solche „*Dimensionseffekte*" werden zur Zeit in großem Umfang in der Grundlagenforschung untersucht (z. B. in der Physik der Phasenübergänge), und es ist abzusehen, daß sie bei der Entwicklung neuer Werkstoffe eine große Rolle spielen werden.

Die Heizleiter (z. B. auf der Basis von Nickel-Chrom) und die Kaltleiter (z. B. Bariumtitanat) werden ihre Bedeutung behalten. Dazu sind in jüngster Zeit Stoffe mit *reversiblen Leitfähigkeitssprüngen* von mehreren Größenordnungen bei bestimmten Temperaturen (z. B. verschiedene Vanadinoxide) gekommen, deren technische Einsatzmöglichkeiten bei weitem noch nicht erschlossen sind. Es zeigte sich, daß auch die Änderung anderer Parameter, wie des Druckes, zu derartigen Leitfähigkeitssprüngen führen kann. (Bei Drücken im kbar-Mbar-Bereich werden viele Oxide bzw. Chalcogenide der Übergangsmetalle, die unter Normalbedingungen ideale Isolatoren sind, zu Metallen.)

Im Zusammenhang mit den Leiter- bzw. Widerstandswerkstoffen möchte ich noch ein Beispiel aus der Mikroelektronik bringen. Mit Hilfe der beiden sog. Hybridtechniken, der Dünnschichttechnik und der Dickschichttechnik, werden integrierte Widerstands- bzw. Leiterschichtnetzwerke hergestellt. Im Falle der *Dickschichttechnik* bestehen die Schichten aus eingebrannten Pasten aus Glasfritte, „aktiver" Leiter- bzw. Widerstandssubstanz und Bindemittel. Im internationalen Maßstab werden 80% der hybridmontierten Chips, die ihrerseits 10 bis 20% aller integrierten Halbleiterkreise ausmachen, in Dickschichttechnik montiert, was auf die Vorteile dieser „Technik" zurückzuführen ist: Robustheit, große Variationsbreite und Flexibilität, Realisierbarkeit von Potentiometern, Rentabilität bei kleinen Stückzahlen usw. Die von dieser Technik in der DDR abhängige Produktion be-

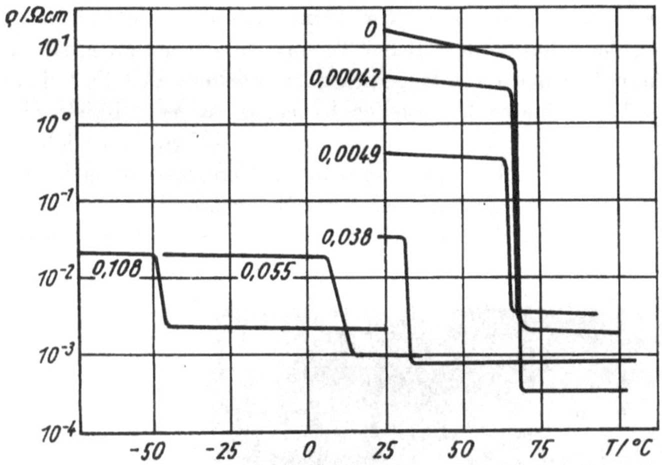

Abb. 5 Änderung der Sprunghöhe des elektrischen Widerstandes und der Übergangstemperatur des VO_2 durch Dotierung mit Molybdän: $Mo_xV_{1-x}O_2$ (x: Kurvenparameter)

trug 1978 20 Mill. Mark und steigt bis 1985 auf 150 Mill. Mark an. Die Entwicklung eines kompatiblen Pastensystems für diese Technik ist ein Beispiel, bei dem offenkundig wird, daß die Vorlaufforschung (in diesem Falle vor allem Festkörperphysik und -chemie), die Entwicklung der Pasten und Technologien und die Anwendung in der Mikroelektronik von vornherein fest miteinander verkoppelt sein müssen.

Am attraktivsten für den Stromtransport sind natürlich die *supraleitenden Werkstoffe.* Im Mittelpunkt der Arbeiten auf dem Gebiet der Supraleitung steht die Frage nach der Erhöhung der Sprungtemperatur von gegenwärtig etwa 10 K auf mindestens 20 K (Wasserstoff!), um den Betrieb supraleitender Spulen ökonomischer gestalten zu können. Bei einigen Übergangsmetallen bzw. intermetallischen Verbindungen sollen nach der Theorie infolge des Phononenmechanismus Sprungtemperaturen bis zu etwa 40 K möglich sein. Zu Sprungtemperaturen bei Zimmertemperatur könnten in speziellen Substanzen mit Schicht- bzw. Kettenstruktur (organische Riesenmoleküle) theoretisch vorgeschlagene Exzitonenmechanismen führen, auf deren reale Existenz es allerdings z. Z. nur indirekte Hinweise gibt. Festzustehen scheint schon jetzt, daß Supraleiter mit hoher Sprungtemperatur thermodynamisch instabile (metastabile) Verbindungen sein werden, was die Bedeutung dieser — bereits oben erwähnten — Stoffklasse unterstreicht.

Die Eigenschaft der „harten" Supraleiter, den widerstandslosen Zustand auch bei hohen Magnetfeldern zu behalten, ermöglicht die Erzeugung hoher Magnetfelder in eisenlosen Spulen. Es deutet sich an, daß die Supraleiter ein fester, integraler Bestandteil der Technik der Zukunft sein werden. Als Beispiele seien die Gebiete Kernfusion, MHD-Generatoren, Teilchenbeschleuniger, Magnetfeldtrennung und Energieübertragung, aber insbesondere der wissenschaftliche Gerätebau genannt.

Dazu sind noch viele Probleme zu lösen. Vor allem muß man die Erzeugung und Aufrechterhaltung der erforderlichen tiefen Temperaturen auch im großtechnischen Maßstab beherrschen und die erforderlichen Supraleiterwerkstoffe billiger und mit verbesserten Eigenschaften herzustellen lernen. So ist es beispielsweise schon jetzt gelungen, verformbare Supraleiter dadurch zu erhalten, daß Niob-Titan-Fäden in eine Kupfermatrix eingelagert werden. Im Versuchsstadium ist die Produktion von intermetallischen supraleitenden Verbindungen.

Neue Entwicklungen sind auch auf dem Gebiet der *Elektrokeramik* zu verzeich-

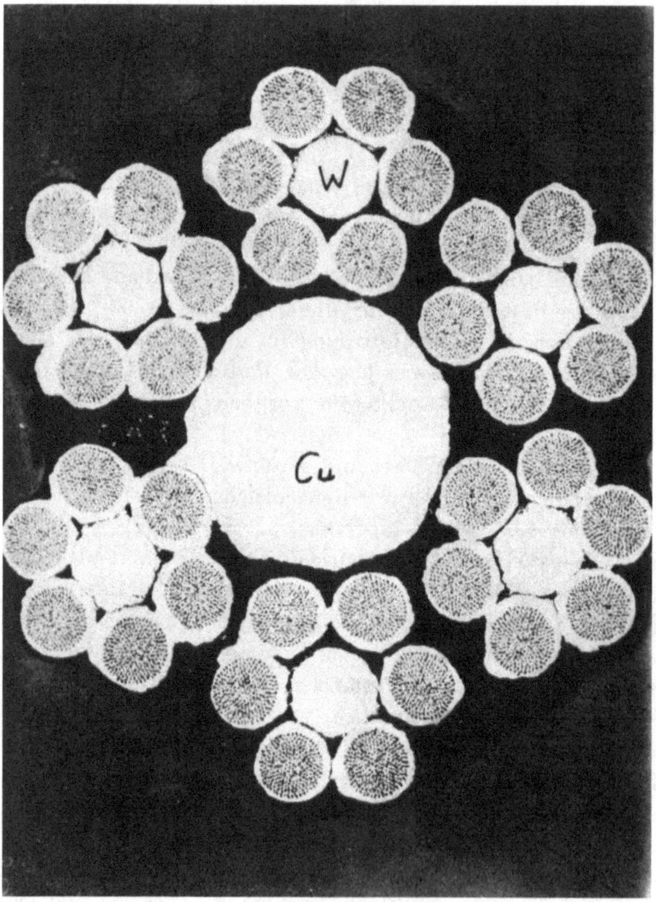

Abb. 6 Querschnitt eines im ZFW Dresden entwickelten V_3Ga-Supraleiterkabels. Der Kupferkern dient der elektrischen Stabilisierung, die Wolframfaser der mechanischen Stabilisierung. Die supraleitenden spröden V_3Ga-Schichten von 1—2µ Dicke umgeben die im wesentlichen aus Vanadin bestehenden etwa 100 Kerne eines Mehrkernleiters

nen. Ein Beispiel sind (z. B. mit Bi_2O_3, Co_3O_4) dotierte ZnO-Keramiken, mit denen sich *Varistoren* herstellen lassen, deren Nichtlinearität in der Strom-Spannungs-Kennlinie) um eine Größenordnung höher als bei den bisher üblichen SiC-Varistoren liegt. Die Nichtlinearität in der I-U-Kennlinie wird durch Barrieren in den Oberflächen der Mikrokristallite hervorgerufen, sie ist aber noch nicht im einzelnen verstanden.

Aus *piezoelektrischen Keramiken* lassen sich elektroakustische Sender, Empfänger bzw. Wandler bauen, wobei die starke Kopplung des elektrischen Feldes an mechanische Verzerrungen, also an akustische Wellen ausgenutzt wird. Damit lassen sich die Funktionen vieler üblicher elektronischer Bauelemente, wie Verstärker, logische Elemente usw. realisieren; auch Frequenzfilter mit Oberflächenwellen und Verzögerungselemente beruhen auf diesem Prinzip. Als Beispiel sei das Zwischenfrequenzfilter für das Farbfernsehen genannt, das sich aus piezoelektrischer Keramik billig herstellen läßt.

Auf die wichtigsten *magnetischen Spezialwerkstoffe* möchte ich hier nicht weiter eingehen, da sie Herr Budig in seinem Beitrag behandeln wird. Es seien nur einige ganz spezielle Beispiele herausgegriffen: Auf Abbildung 7 ist zu sehen, wie der Abstand der einzelnen magnetischen Domänen und damit die Ummagnetisierungsverluste in weichmagnetischen Werkstoffen dadurch verringert werden kann, daß die Texturebene leicht gegenüber der Oberfläche geneigt wird bzw. daß durch eine geeignete Wärmebehandlung Spannungen in der Oberfläche erzeugt werden.

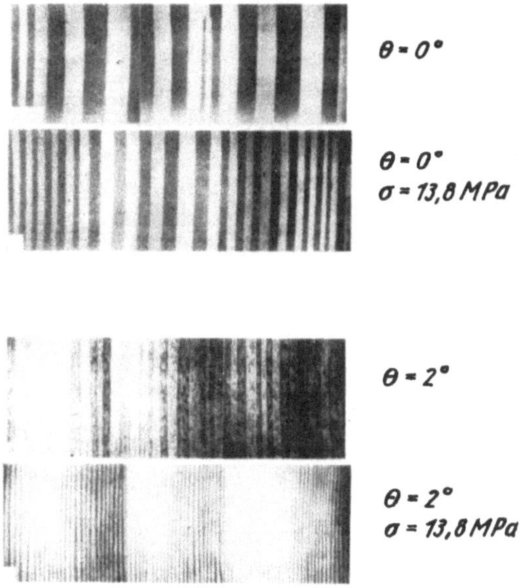

Abb. 7 Abhängigkeit der Domänenstruktur von Fe-3% Si-Einkristallen vom Neigungswinkel Θ der (110)-Ebene und von der Zugspannung σ. Bei einer feineren Struktur sind die Ummagnetisierungsverluste geringer

Es ist hier nicht möglich, einen vollständigen Überblick über den Stand von Entwicklung und Anwendung sowie über die Perspektive aller Zweige der Werkstofforschung zu geben. So konnten beispielsweise solche volkswirtschaftlich interessanten Werkstoffe wie die Halbleiterwerkstoffe, die aktiven Bauelemente oder die für den wissenschaftlich-technischen Fortschritt so außerordentlich wichtigen Polymerwerkstoffe nicht behandelt werden.

Der gewaltige Anstieg der Produktion von Plasten und deren Anwendung ließen gelegentlich Zweifel über die Zukunftsträchtigkeit herkömmlicher Werkstoffe aufkommen. Durch Plastwerkstoffe werden metallische Werkstoffe sowohl ersetzt als auch Verbesserungen von Verarbeitungs- und Gebrauchseigenschaften erzielt.

Prognosen zufolge werden jedoch metallische Werkstoffe, und an der Spitze steht der Stahl, in ihrer Bedeutung und auch in den absolut produzierten Mengen weiter ansteigen.

Noch größere relative Zuwachsraten als Plaste haben moderne Werkstoffgruppen, wie Kohlenstoffwerkstoffe oder Werkstoffe für Werkzeuge mit sowohl geometrisch bestimmter als auch unbestimmter Schneide.

Eines der größten internationalen Probleme besteht heute darin, daß wegen des starken Abbaues der Rohstoff- und Energiequellen die verursachte Umweltbeeinträchtigung, z. B. durch Verschmutzung oder Verödung sowohl absolut als auch auf die gewonnene Rohstoff- bzw. Energiequelle bezogen, zunimmt, und daß auch die für eine bestimmte Rohstoffmenge benötigte Energie wächst. Deshalb ist auch im Sinne der Forderung des IX. Parteitages „Sicherung optimaler Umweltbedingungen“, technischer Fortschritt in der Hinsicht zu erzielen, daß insbesondere solche Werkstoffe entwickelt und eingesetzt werden, zu deren Gewinnung und Verarbeitung umweltschonende Technologien eingesetzt werden können.

Allein die Tatsache, daß die Materialkosten eines Produktes durchschnittlich 65% der Gesamtkosten betragen, läßt die Notwendigkeit für eine Steigerung der Effizienz bei der Herstellung und Anwendung von Werkstoffen aber auch den Einsatz von Werkstoffen mit besonders hohem Veredelungsgrad erkennen.

B. Philipp

Beiträge der Polymerforschung zur Nutzung des Holzes als Werkstoff und als Rohstoff

1. Einleitung

Seit Jahrtausenden wird der Rohstoff Holz zur Befriedigung menschlicher Grundbedürfnisse wie auch als stoffliche Basis kulturell-schöpferischer Leistungen genutzt, wobei wir drei prinzipielle Nutzungsaspekte unterscheiden können:
- die Verwendung als Energieträger, d. h. als Brennstoff;
- die Verwendung als Werkstoff für Bauwerke und Gebrauchsgegenstände;
- die Nutzung als Rohstoff zur Gewinnung bestimmter Produkte, wie z. B. Farbstoffe, Harze, Holzkohle oder in neuerer Zeit Holzzellstoff.

Die Nutzung als Energieträger ist heute für Industrieländer praktisch ohne Bedeutung, wenn auch im Rahmen von Rohstoffprognosen besonders für subtropische Länder „Holzplantagen" als Primärenergiequelle neuerdings diskutiert werden. Der zweite Aspekt, die Nutzung als Werkstoff, ist heute ebenso aktuell wie vor Jahrtausenden, nachdem sich herausgestellt hat, daß aus ökonomischen Gründen wie auch auf Grund des besonderen Eigenschaftsbildes des Holzes seine vollständige Substitution als Werkstoff durch Plaste oder durch silikatische Werkstoffe nicht zu erwarten ist, während andererseits eine Kombination mit diesen Werkstoffarten durchaus Möglichkeiten schafft, zu Werkstoffen mit gegenüber Naturholz verbesserten Eigenschaftsbildern zu gelangen. Ausbaufähig ist die Nutzung als Rohstoff, um durch mechanische *und* chemische Prozesse Produkte zu gewinnen, die entweder ihrerseits wiederum die Basis für Werkstoffe sind oder chemische Grund- bzw. Zwischenprodukte darstellen.

Im folgenden Beitrag soll gezeigt werden, wie in den vergangenen Jahrzehnten Ergebnisse der Polymerforschung zur Veredelung des Werkstoffs und zur besseren Nutzung des Rohstoffs Holz beigetragen haben und welche Aufgaben auf diesem Gebiet in den nächsten Jahren vor uns stehen.

2. Bemerkungen zur chemischen und physikalischen Struktur des Holzes

Zum Verständnis der folgenden Darlegungen erscheinen einige Bemerkungen zur chemischen und physikalischen Struktur des Holzes zweckmäßig. Stark schematisiert können wir Holz als Polymerverbund aus den drei Komponenten Cellulose, Begleitpolysacchariden („Hemicellulose") und Lignin ansehen (vgl. Abb. 1).

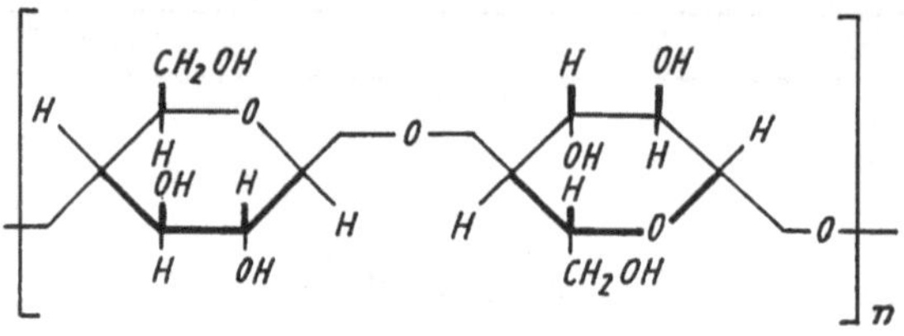

Abb. 1 Hauptkomponenten des Holzes
a) Strukturformel der Cellulose

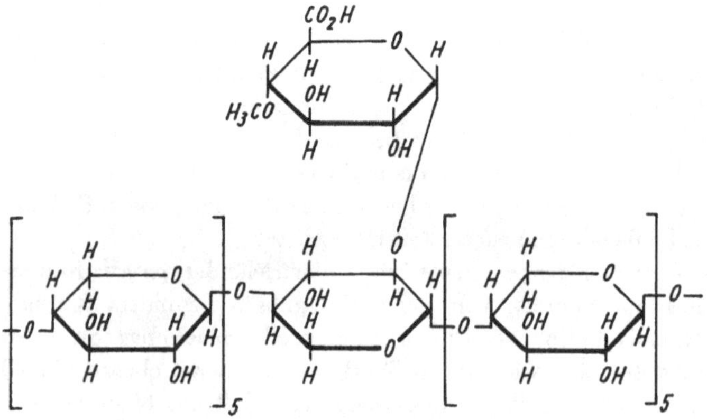

b) Vereinfachte Strukturformel eines Birkenxylans (Begleitpolysaccharid)

Die Cellulosekomponente verleiht dem Holz die hohe Zugfestigkeit, die Ligninkomponente die nötige Druckfestigkeit. Zwischen Lignin und Hemicellulosen bestehen kovalente Bindungen, und zwar über Ätherbrücken, während die Wechselwirkung zwischen Begleitpolysacchariden und Cellulose wahrscheinlich in erster Linie über Wasserstoffbrücken erfolgt.

Die große Variationsbreite der Holzstruktur und damit auch der Werkstoffeigenschaften des Holzes, wie auch seines Verhaltens bei chemischen Umsetzungen kommt dadurch zustande, daß

- die einzelnen Komponenten in ihrem chemischen Bau bzw. in der Molekülgröße stark differenzieren können;
- Anteil und Verteilung der einzelnen Komponenten in weiten Grenzen variiert werden können;
- die teilkristalline Cellulosekomponente fibrilläre Strukturen ausbildet, die in unterschiedlicher Weise zu höheren morphologischen Einheiten angeordnet sind und auf Grund ihrer eigenen Anisometrie und einer Vorzugsorientierung dem Gesamtmaterial in seinen Werkstoffeigenschaften einen stark anisotropen Charakter verleihen (Abb. 2);

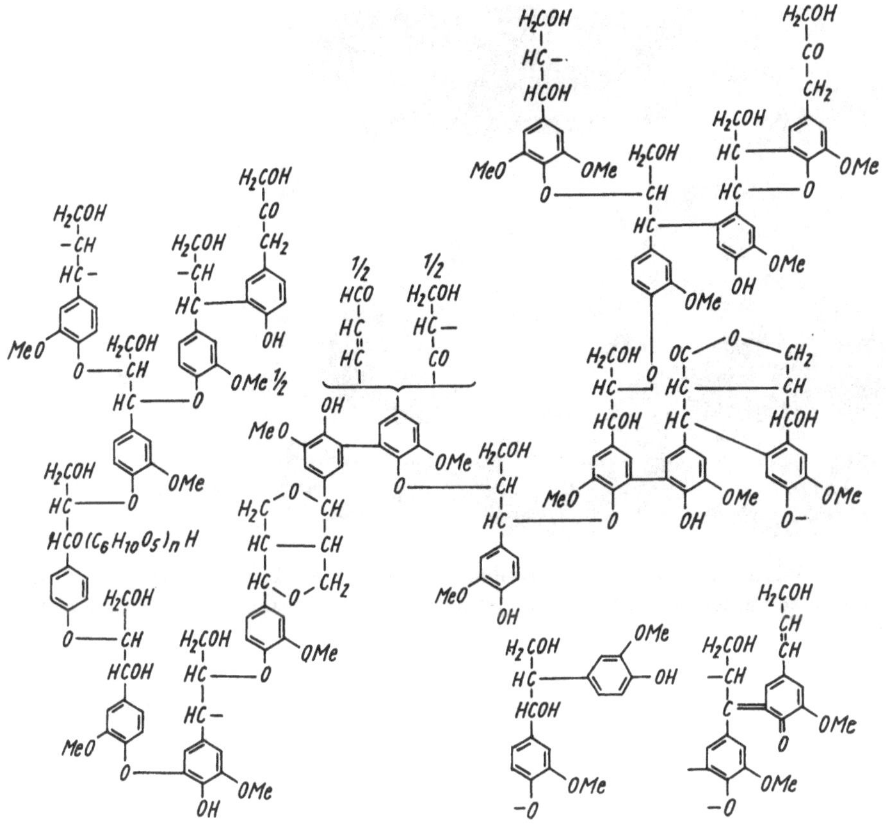

c) Strukturmodell eines Lignins

— eine zusätzliche Variation der Grobmorphologie des Holzes durch ein von Spezies zu Spezies stark unterschiedliches Porensystem und jahreszeitlich bedingte Schwankungen in den Abmessungen der Holzzellen hervorgerufen wird.

Insgesamt gesehen resultiert eine Struktur von solcher Komplexität und Variationsfähigkeit, daß eine quantitative Beschreibung bis heute im wesentlichen nur durch Mittelwerte chemischer und physikalischer Parameter möglich ist, während eine Quantifizierung der topochemischen Komponentenverteilung und der morphologischen Struktur noch in den Anfängen steckt [1]. Hieraus ergeben sich vorerst auch Grenzen für eine quantitative Erfassung polymerchemischer Umsetzungen an und mit den Komponenten des Holzes, so daß viele Fragen der chemischen Holznutzung heute noch weitgehend auf empirischer Basis bzw. bei großtechnischen Prozessen unter Zugrundelegung einer rein formalen mathematischen Model-

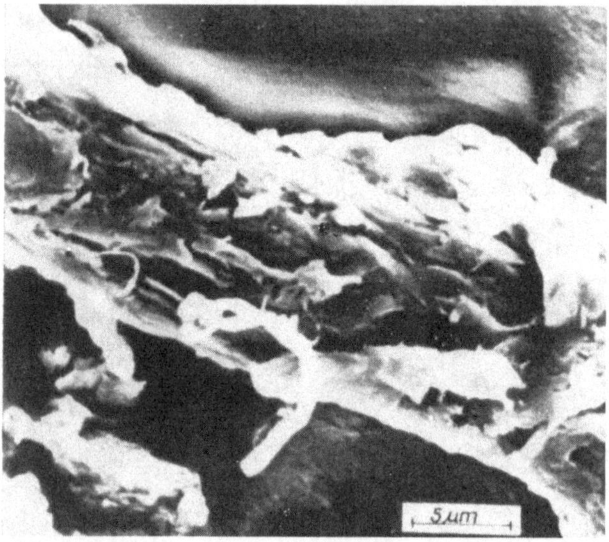

Abb. 2 Fibrilläre Struktur der Holzcellulose, dargestellt am Beispiel einer hydrolytisch abgebauten Fichtenzellstoff-Faser (rasterelektronenmikroskopische Aufnahme A. SCHAPER/ Halle)

lierung bearbeitet werden müssen. Eine wesentliche Voraussetzung für die weitere wissenschaftliche Durchdringung solcher Prozesse und damit zugleich eine künftige wissenschaftliche Aufgabe ist u. E. in der Quantifizierung morphologischer und topochemischer Sachverhalte in der Holzforschung zu sehen.

3. Einige Aspekte der Nutzung des Holzes als Werkstoff in Kombination mit anderen Polymeren

Der Werkstoffeinsatz des Holzes erfolgt heute entweder auf klassische Weise in kompakter Form, wobei die maximalen Abmessungen primär durch die Dimensionen des Baumstammes vorgegeben sind, oder in Form von Partikelwerkstoffen, bei denen Holzpartikel geeigneter Abmessungen mit einem Binder zu Platten verformt werden.

Bei *Kompaktholz* ist eine Veränderung des Eigenschaftsbildes sowohl durch Eingriffe in die Polymerstruktur des Holzes selbst als auch durch Kombination von Holz mit synthetischen Polymeren möglich. Eingriffe in die Polymerstruktur werden z. Z. diskutiert im Sinne einer chemischen Bindung von Holzkonservierungsmitteln an Lignin oder Cellulose, um eine lang andauernde antimikrobielle Wirkung zu sichern. Sie werden auch in begrenztem Umfange realisiert bei der Herstellung von Preßholz und Biegeholz, indem hier durch chemische Wechselwirkung mit beispielsweise Ammoniak eine dem Naturholz nicht innewohnende plastische Verformbarkeit erreicht wird. Wesentlich für den erreichbaren Effekt ist hier ein möglichst rascher und gleichmäßiger Transport des „Weichmachers“ durch die Porenstruktur des Holzes, der sich — wie eigene Untersuchungen ergaben [2] — durch Tensidzusätze wesentlich verbessern läßt. Die auf diese Weise erhaltenen Produkte werden allerdings auch in Zukunft nur begrenzte Einsatzgebiete finden, da hier in vielen Fällen die Anwendung von Plasten rationeller ist.

Eine Kombination von Holz mit synthetischen Polymeren läßt sich sowohl durch Einpolymerisieren von Monomeren in die Porenstruktur des Holzes als auch in Form eines Schichtverbundes oder eines Partikelverbundes realisieren (Abb. 3).

Kompaktholz — Einpolymerisieren von Monomeren
Schichtverbund mit Dekorfolie und UP-Harz

Holzpartikel + Harnstoffharz ⟶ Spanplatte

Holzfaser + Phenolharz ⟶ Hartfaserplatte

Spanplatte mit Melaminharz beschichtet ⟶ OPV-Platte

Abb. 3 Kombination von Holz mit synthetischen Polymeren (schematisch)

Durch Einpolymerisation von beispielsweise Styrol oder Methylacrylaten lassen sich bestimmte Eigenschaftsverbesserungen, wie z. B. eine erhöhte Dimensionsstabilität erzielen. Obwohl dieses Prinzip der Einpolymerisation in vielfältiger Form Gegenstand der Laborforschung war und ist und für einschlägige Verfahren und Produkte zahlreiche Schutzrechte existieren, konnte sich diese Richtung bisher großtechnisch nicht durchsetzen. Ursache hierfür dürfte neben dem erheblichen Aufwand vor allem die recht komplizierte und variationsfähige Morphologie des Holzes und eine dadurch bedingte ungenügende Reproduzierbarkeit der Produkteigenschaften sein, da ja die Verteilung des Monomers und damit auch des synthetischen Polymers über die Morphologie des Ausgangsholzes gesteuert wird.

Zur Herstellung von Holz-Schichtverbunden werden heute verschiedene Wege beschritten:

Mit Hilfe von „Dekorfolie“, d. h. einem mit Harnstoff-Formaldehyd-Kondensaten oder ungesättigtem Polyesterharz getränkten Spezialpapier läßt sich die Oberfläche billiger Hölzer, wie z. B. Fichtenholz, oder auch von Spanplatten vergüten. Zur Erzielung eines Hochglanzeffektes wird dann gegebenenfalls nochmals eine Kunstharzlackschicht aufgebracht. Die Deckschicht von ungesättigtem Polyesterharz muß zur Gewährleistung eines permanenten Glanzes und der nötigen Kratzfestigkeit anschließend ausgehärtet, d. h. covalent vernetzt werden. Bei diesem Prozeß spielt heute eine Erhöhung der Härtungsgeschwindigkeit und damit der Arbeitsproduktivität eine entscheidende Rolle. Bei einer chemischen Initiierung dieser radikalischen Vernetzung durch Peroxide sind für den Härtungsprozeß einige Stunden erforderlich. Eine UV-Härtung in Gegenwart von Sensibilisatoren wird heute in der Produktion in etwa 15 Minuten ereicht. Eine Elektronendrahthärtung stellt eine Verkürzung dieser Zeit auf 1 bis 2 Minuten in Aussicht, erfordert jedoch spezielle Harzsysteme (Polyesteracrylate).

Einen Mehrschichtverbund stellt die sog. „OPV-Platte" (oberflächenpreßvergütete Platte) dar, bei deren Herstellung eine Spanplatte mit 2 oder 3 Lagen meist melaminharzgetränkter Spezialpapiere belegt und anschließend unter hohem Druck verpreßt wird.

Bei der Herstellung des aus dem täglichen Leben bekannten Schichtpreßstoffs „Sprelacart"® geht man nicht vom Holz selbst, sondern von mehreren Lagen kunstharzgetränkten Papiers aus, wobei dann Sprelacart wiederum zur Oberflächenvergütung von Spanplatten, also zur Schichtverbundbildung mit einem Holzpartikelwerkstoff, eingesetzt werden kann.

Die heute weit verbreitete Verwendung des Holzes als „Partikelwerkstoff" (Faserplatten, Spanplatte) hat einen Vorläufer in der seit etwa 150 Jahren betriebenen Holzschleiferei, bei der durch Naßzerfasern von Holz der „Holzschliff" gewonnen wird, der nach Zusatz eines Bindemittels vor allem zur Pappenherstellung dient. Die auf Basis von Formalen-Harnstoff-Kondensaten bzw. von Formalin-Phenol-Harzen gegebene Möglichkeit einer Kombination von Holzpartikeln und Plast führte in den vergangenen Jahrzehnten zu einer sehr raschen Entwicklung auf dem Gebiet der Holz-Partikel-Werkstoffe, vor allem für die Möbelindustrie, aber auch für die verschiedensten Gebrauchsgegenstände und technischen Einsatzgebiete. Hauptursachen dieser raschen Entwicklung sind die große Variabilität des Eigenschaftsbildes solcher Partikel-Verbundwerkstoffe über die chemische Struktur, den relativen Anteil und die Verteilung der Komponenten, die rationelle Fertigungsmöglichkeit für Platten auch großer Abmessungen und nicht zuletzt die Möglichkeit einer rationellen Verarbeitung von Schwachholz und Holzabfällen zu Produkten hohen Gebrauchswertes. Bei der Herstellung solcher Partikelverbunde geht man von Holzspänen unterschiedlicher Größe bzw. von Holzfasern als Hauptkomponente aus und fügt diese in Form der „Spanplatte" oder „Faserplatte" mit Formalinharnstoffharz bzw. Phenolharz als bindender Zweitkomponente zum Partikelwerkstoff zusammen.

Eine grundsätzlich andere Möglichkeit der Verbundbildung ist der Einsatz von Holzmehl als Zweitkomponente in Formalin-Harnstoff- oder Formalin-Phenol-Preßmassen, um diese in großem Maßstab erzeugten Duroplaste zu modifizieren.

Für die wissenschaftliche Durchdringung und weitere Optimierung der Herstellungstechnologie solcher gefüllter Plaste wie auch von Holzpartikelwerkstoffen ergeben sich an die Polymerforschung noch zahlreiche offene Fragen, wie z. B.

- das heute viel diskutierte Problem der sogenannten „holzeigenen Bindungskräfte", d. h. die Aufklärung und praktische Nutzung chemischer Wechselwirkungen zwischen der Cellulose- und Ligninkomponente des Holzes einerseits, dem synthetischen Polykondensat andererseits;
- die dafür notwendige weitere Klärung des Reaktionsmechanismus beim Aufbau von Polykondensaten, vor allem aus Formalin und Harnstoff bzw. Harnstoffderivaten; sowie die Weiterentwicklung der Phenolharze;

— die Klärung der Frage, welche Rolle Lignin- und Cellulosekomponente des Holzes jeweils einzeln für die Bestimmung des Eigenschaftsbildes des Verbundes spielen und in welchem Umfange beispielsweise für die Herstellung von Spezialprodukten ein Einsatz von reinem Cellulosematerial, etwa in Form von Cellulosepulver, gerechtfertigt ist.

Das Formelschema (Abb. 4) soll einen Eindruck von der Komplexität der beim Aufbau von Formalin-Melamin-Kondensaten ablaufenden Reaktionen vermitteln, wobei die jetzt im Institut für Polymerenchemie der AdW erhaltenen Ergebnisse dafür sprechen, daß diese Anfangsphase der Polykondensation unter den üblichen

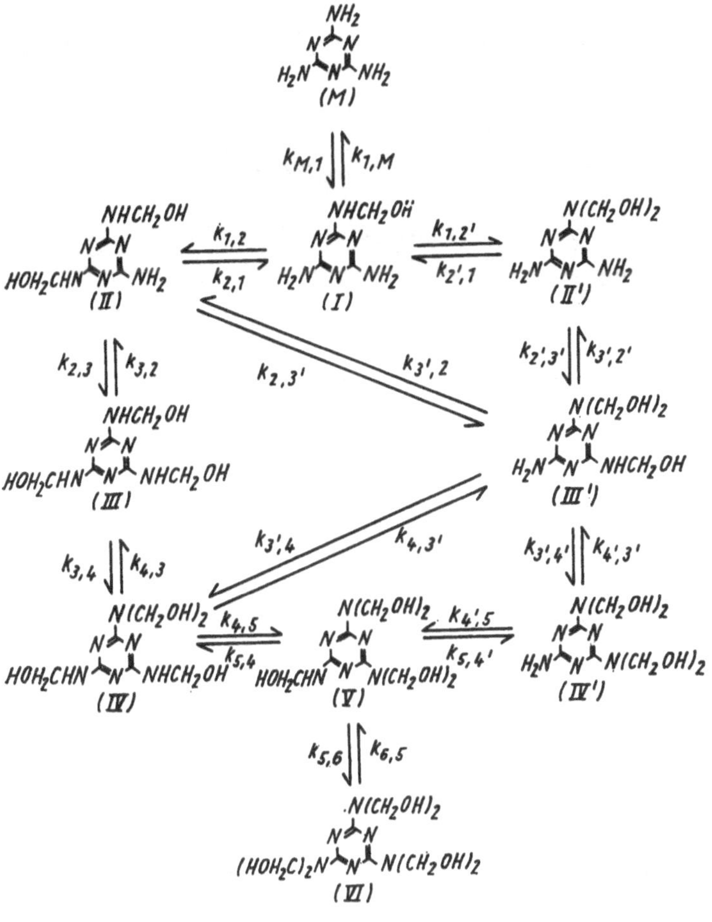

Abb. 4 Chemische Gleichgewichte in der Anfangsphase der Kondensationsreaktion von Formaldehyd mit Melamin (nach B. Tomita, Journ. Polymer Sci., Polymer Chemistry Edition **15** (1977) S. 2347)

Bedingungen recht rasch verläuft. Auch für die Umsetzung mit den funktionellen Gruppen des Lignins und der Polysaccharide im Holz dürften solche Methylolierungsreaktionen unter Ausbildung von Ätherbrücken eine Rolle spielen, wobei die Aufklärung der entsprechenden Strukturen und Reaktionsabläufe allerdings noch weitgehend aussteht. Abbildung 5 zeigt an einem aus gemeinsamen Arbeiten des Zentralinstituts für Organische Chemie und des Instituts für Polymerenchemie

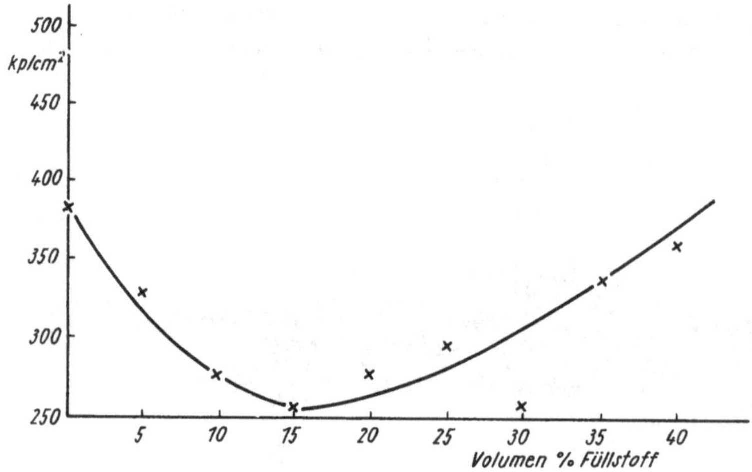

a) Zugfestigkeit in Abhängigkeit vom Füllstoffgehalt

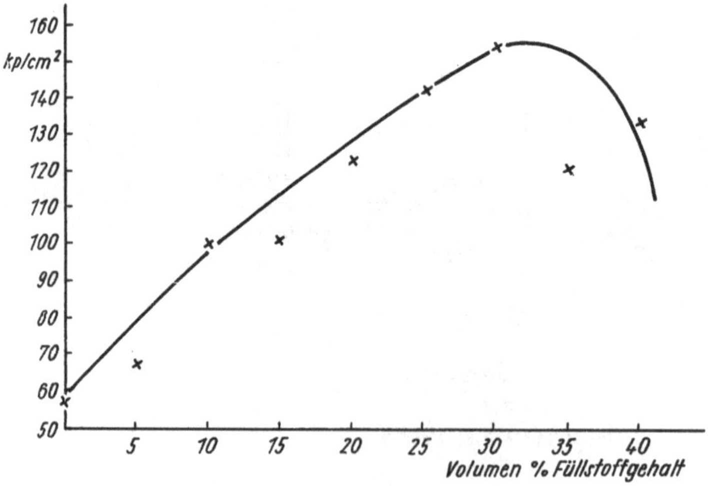

b) Biegefestigkeit in Abhängigkeit vom Füllstoffgehalt

Abb. 5 Veränderung der Materialeigenschaften eines Polyurethan-Elastomeren durch Füllen mit Cellulosepulver (entnommen aus (3))

hervorgegangenen Beispiel, in welch erheblichem Umfange durch Zusatz relativ geringer Mengen an Cellulosepulver die mechanischen Eigenschaften eines Polyurethanelastomers verändert werden können, wobei auch hier eine chemische Bindung zwischen den Komponenten über eine Umsetzung von Isocyanatgruppen mit cellulosischen Hydroxylgruppen angenommen werden kann [3].

Aus den bisherigen Darlegungen zur Modifizierung der Werkstoffeigenschaften des Holzes durch Kombination mit anderen Stoffen auf der Strukturebene von Kompaktholz, von Holzspänen bzw. -fasern und schließlich von Holzmehl ergibt sich die Frage nach den Möglichkeiten einer solchen Kombination im molekularen Bereich, z. B. über den Zustand der Lösung. Auf Grund der dreidimensional vernetzten Struktur des Lignins und seiner hauptvalenten Bindung an die Polysaccharidkomponente ist eine Auflösung von Holz ohne chemische Veränderung prinzipiell nicht möglich. Wie eigene Arbeiten in dieser Richtung zeigten [4], lassen sich jedoch Polysaccharidanteil und Ligninanteil in einer Art „Eintopfverfahren" gemeinsam in Lösung bringen, wenn man unter partiellem Abbau des Ligninnetzwerkes zunächst einen Teil der Lignin-Polysaccharid-Bindungen sprengt und dann das hierzu erforderliche binäre Reaktionssystem aus z. B. Dimethylsulfoxid und Schwefeldioxid durch Zusatz eines Amins zu einem ternären, nichtwäßrigen Lösemittelsystem für Cellulose ergänzt, in welchem sich auch die Ligninbruchstücke auflösen. Solche Lösungen lassen sich zu Fäden und Folien mit für einen Werkstoffeinsatz durchaus interessanten mechanischen Eigenschaften verformen, auch eine Kombination mit synthetischen Polymeren wäre über solche Lösungen denkbar. Eine technische Realisierung solcher Prozesse ist allerdings nur in Betracht zu ziehen, falls einmal in fernerer Zukunft die im Labormaßstab bereits weit entwickelten nichtwäßrigen Delignifizierungsverfahren technische Realität werden.

4. *Einige Aspekte der Nutzung von Holz als Rohstoff*

Wie in der Einleitung bereits angedeutet, lassen sich für eine Rohstoffnutzung des Holzes mehrere Aspekte unterscheiden, nämlich

- die Gewinnung und Weiterverarbeitung der in relativ geringen Mengen im Holz vorhandenen „akzessorischen Stoffe";
- die Gewinnung von Wertstoffen durch Destruktion der chemischen Struktur des Holzes bzw. einer seiner Hauptkomponenten;
- eine mehr oder weniger vollständige Isolierung der Cellulosekomponente des Holzes zum Einsatz als Faserwerkstoff und zur chemischen Weiterverarbeitung.

Die beiden erstgenannten Aspekte wurden anläßlich einer Beratung der Klasse Chemie der AdW zu Fragen der komplexen Holznutzung am 23. 11. 1978 [vgl. 5] ausführlich behandelt, so daß hierzu nur wenige zusammenfassende Bemerkungen gebracht werden sollen:

Eine vorwiegend extraktive bzw. destillative Gewinnung akzessorischer Stoffe wird für die Herstellung von Spezialprodukten ihre Bedeutung behalten. Für manche Einsatzgebiete, wie z. B. die Herstellung von Harzleimen für die Papierindustrie, liegt eine zumindest teilweise Substitution durch synthetische Produkte im Bereich des Möglichen und ist Gegenstand der Forschung, während man bei anderen Einsatzgebieten versuchen kann, durch Kombination mit synthetischen Produkten eine Streckung des sich immer mehr verteuernden Naturproduktes ohne wesentliche Gebrauchswerteinbußen zu erreichen.

Einen Überblick über verschiedene Möglichkeiten der Gewinnung von Wertstoffen durch Destruktion des Holzes bzw. seiner makromolekularen Komponenten vermittelt die schematische Darstellung in Abbildung 6. Sofern der Destruktionsprozeß nicht auf die Ligninkomponente bzw. Begleitpolysaccharide beschränkt ist und daher mit einer Gewinnung der Cellulose gekoppelt werden kann, kommen zumindest unter unseren volkswirtschaftlichen Bedingungen für solche Destruktionsprozesse wie die Hydrolyse oder die Pyrolyse nur Abfallhölzer bzw. Stengel von Einjahrespflanzen in Frage. Bei der Holzhydrolyse mit dem Ziel der Gewinnung von Glukose bzw. Folgeprodukten ist heute noch die Frage offen, ob sich auf lange Sicht eine Hydrolyse mit Mineralsäure oder ein enzymatischer Abbau der Cellulose durchsetzen wird. Letzterem werden für die Verwertung cellulosehaltiger Abfallstoffe der verschiedensten Art relativ günstige Aussichten eingeräumt, vor allem auch im Hinblick auf die Erstellung kleinerer Anlagen am Ort des Anfalls dieser Produkte.

Die schon seit Jahrtausenden betriebene Holzkohlenerzeugung ist heute als chemisch-technischer Prozeß zur Gewinnung von Spezialprodukten, wie z. B. Aktivkohle für Sorptionszwecke, wieder von gewissem Interesse.

Das durch hydrolytischen Abbau von Pentosanen erhältliche Furfural ist zweifellos ein interessantes Ausgangsprodukt für verschiedene chemische Prozesse;

Gesamtholz	Pyrolyse →	Aktivkohle
Polysaccharid-anteil	Hydrolyse →	Glucose und andere Monosaccharide ↓ Äthanol, Einzellerprotein
Pentosan	Hydrolyse →	Furfural
Lignin	alkal. Aufschluß →	Alkalilignin, degradative Funktionalisierung ↓ Vanillin, Phenole

Abb. 6 Degradative Prozesse zur Gewinnung niedermolekularer Wertstoffe aus Holz (schematisch)

seine rationelle Gewinnung ist einerseits aus Einjahrespflanzen-Stengeln, andererseits aus Laubholz in Koppelung mit der Zellstofferzeugung möglich.

Die Frage einer vom naturwissenschaftlich-technischen und vom ökonomischen Standpunkt aus befriedigenden Nutzung des bei der Zellstoffherstellung anfallenden abgebauten Lignins stellt nach wie vor ein wesentliches Problem der Polymerforschung dar. Anzustreben ist zunächst eine Nutzung unter Erhaltung des makromolekularen Charakters und entsprechender Modifizierung. Möglichkeiten hierzu sind vor allem auf dem vielfältigen und noch entwicklungsfähigen Gebiet polymerer Hilfsmittel zu sehen.

Aussichtsreich für die Gewinnung niedermolekularer Wertstoffe erscheinen im Labormaßstab angearbeitete Verfahren zur degradativen Funktionalisierung des Lignins, über die vor kurzem von F. Fischer berichtet wurde [6].

Wichtigster Prozeß einer chemischen Weiterverarbeitung des Holzes ist z. Z. und für die absehbare Zukunft die Gewinnung der Cellulosekomponente als Faserwerkstoff bzw. als Zwischenprodukt für chemische Folgeprozesse. Durch Kombination chemischer und mechanischer Verfahrensstufen wird in Abhängigkeit von Prozeßart und Prozeßführung eine mehr oder weniger vollständige Delignifizierung unter gleichzeitiger Defibrierung, d. h. Auftrennung der Holzsubstanz in die Einzelfasern erreicht. Dabei wächst mit zunehmendem Delignifizierungsgrad, d. h. zunehmender Reinheit des Holzzellstoffs, der Aufwand für chemische Verfahrensstufen bei gleichzeitig abnehmendem Aufwand an mechanischer Energie und natürlich abnehmender Endproduktausbeute.

Zur rationellen Nutzung der Holzsubstanz bei Zellstoffherstellung und -verarbeitung werden heute in der Forschung und z. T. auch bereits in der Produktion folgende Wege beschritten:

- Erweiterung der Rohstoffbasis durch Nutzung bisher nicht verwendeter Holzarten und Holzsortimente, wie z. B. Schwachholz, sowie durch eine Rückführung der Cellulosefasersubstanz in den Stoffkreislauf über eine Altpapierverwertung;
- Anpassung des Delignifizierungsprozesses an Verbraucherforderungen nach dem Grundsatz „so reine Cellulose als nötig“ und nicht „so reine Cellulose als möglich“;
- Entwicklung neuer Aufschlußverfahren, bei denen das Lignin in einer besser verwertbaren Form anfällt und/oder die Zellstoffausbeute durch bessere Erhaltung der Begleitpolysaccharide erhöht wird;
- Erhöhung des Gebrauchswertes des Faserwerkstoffs bzw. Zwischenprodukts „Zellstoff“ durch geeignete Veredlungsprozesse.

Im Zuge einer Optimierung der beiden Zielgrößen Delignifizierungsgrad und Ausbeute für einen bestimmten Einsatzzweck des Zellstoffs läßt sich heute die Zellstoffausbeute praktisch kontinuierlich zwischen 30 und $> 90\%$ variieren. Bei Hochausbeutezellstoffen, die z. B. durch thermodynamischen Aufschluß gewonnen wurden, läßt sich trotz hohem Ligninanteil durch geeignete Bleichprozesse eine Einsatzfähigkeit auch für anspruchsvollere Papiere erreichen. Für Chemiezellstoffe, vor allem für die Herstellung hochwertiger Viskosefaserstoffe, wird man auf Grund der notwendigen hohen Arbeitsproduktivität beim Nachverarbeiter auch in Zukunft auf verhältnismäßig hohen Reinheitsanforderungen bestehen müssen, während z. B. für die Hilfsmittelherstellung auf Cellulosebasis etwa für die Carboxymethylcellulosegewinnung heute bereits der Einsatz teildelignifizierter Stoffe diskutiert wird.

Als Beispiel für neuartige, ausbeuteerhöhende Aufschlußprozesse sei hier der alkalische Aufschluß mit Anthrachinonzusatz erwähnt, der ursprünglich im Heidenauer Institut für Zellstoff und Papier entwickelt wurde [7].

Eine Betrachtung möglicher Veredelungsprozesse bei Holzzellstoff soll sich auf einige Bemerkungen zur Veredelung von Papierzellstoffen beschränken [8]. Der klassische und auch heute noch wichtigste Veredelungsprozeß ist hier die Bleiche des Zellstoffs zur Zerstörung chromophorer, durch den Restligningehalt bedingter Gruppen, wobei heute den umweltfreundlichen Bleichverfahren mit Peroxiden oder mit elementarem Sauerstoff wachsende Bedeutung zukommt. Eine morphologische und chemische, unter Einführung von Carboxylgruppen ablaufende Modifizierung der Faseroberfläche läßt sich durch Ozonisierung bzw. durch Behandlung des Papierzellstoffs in einer Koronaentladung erreichen, wobei diese modifizierten Fasern ein besseres Bindevermögen bei der Papierherstellung und damit eine Verbesserung der mechanischen Kennwerte des Papiers bewirken [9]. Zum gleichen Zweck wurde die Pfropfcopolymerisation von Vinylmonomeren auf die Faseroberfläche von Papierzellstoffen im Labormaßstab eingehend untersucht [10]. Als Ergebnis dieser Arbeiten kann man heute feststellen, daß bei weitgehend delignifizierten Papierzellstoffen Aufwand und Nutzen einer solchen Behandlung in keinem ökonomisch vertretbaren Verhältnis stehen, während bei Halbzellstoffen mit hohem Restligningehalt eine solche Behandlung als technologisch aussichtsreich diskutiert wird, um aus solchen in hoher Ausbeute, also unter sehr weitgehender Nutzung der Holzsubstanz, hergestellten Zellstoffen möglichst hochwertige Papiere produzieren zu können. Allerdings müssen, was die Aussichten für eine technische Realisierung anbelangt, diese neuen Wege einer „chemischen Modifizierung" der Faserstruktur von Papierzellstoffen stets vor dem Hintergrund der großtechnisch seit langem beherrschten klassischen Prozesse der „Partikel- und Schichtverbundbildung" bei der Papierherstellung betrachtet werden, zumal die in diesen Prozessen mit den Verfahrensstufen der Mahlung, Leimung und Beschichtung gegebenen Variationsmöglichkeiten der Polymerkombination bei weitem noch nicht ausgeschöpft sind.

5. *Schlußbemerkungen*

Im Rahmen einer rationellen und komplexen Nutzung der Rohstoffquelle „Holz" ergeben sich für die Polymerforschung Aufgaben sowohl bei der chemischen und physikalischen Modifizierung des Holzes selbst bzw. seiner Komponenten, als auch bei einer Kombination von Holz bzw. seinen Komponenten mit synthetischen Polymeren. Nach dem heutigen Erkenntnisstand läßt sich eine solche Kombination besonders vorteilhaft auf Partikel- bzw. Fibrillenebene vornehmen, während einer Kombination auf Basis von Kompaktholz und auf molekularer Basis relativ enge Grenzen gesetzt sind. Sowohl für die Abwandlung der Werkstoffeigenschaften des Holzes als auch für seine Weiterverarbeitung als Chemierohstoff spielen morphologische Faktoren eine entscheidende Rolle, indem die fibrilläre Ordnung der Cellulosekomponente, die ungleichmäßige Verteilung des Lignins und das die Holzsubstanz durchziehende Porensystem sowohl die physikalischen Werkstoffeigenschaften als auch das Wechselspiel von Reaktion und Diffusion bei heterogenen Umsetzungen entscheidend mitbestimmen. Eine diesen Prämissen Rechnung tragende künftige Holzforschung läßt somit wissenschaftliche Beiträge zu Aufbau und Verhalten von Polymerverbunden und zur Kinetik von Heterogenreaktionen an Polymerfestkörpern erwarten und dient damit zugleich einer stärkeren gedanklichen und methodischen Zusammenführung der Arbeitsgebiete „Biopolymere“ und „synthetische Polymere“. Unter technologischen Aspekten stellt sich die komplexe Holznutzung heute als ein Beispiel für eine kombinierte Werkstoff- und Wertstoffgewinnung dar, bei der in zunehmendem Maße chemische und mechanische Verfahrensschritte miteinander gekoppelt und energie- und materialökonomisch optimiert werden müssen.

Herrn Prof. Dr. Langendorff, Zentralinstitut für Holztechnologie, danke ich für eine Reihe kritischer Hinweise.

Literatur

[1] B. Philipp, H. Schlacken, H.-J. Stiller und E.-W. Unger, Paperi ja Puu, **60** (1978) 11, S. 681–693.

[2] A. Koura und B. Philipp, Holztechnologie, **16** (1975) S. 82–84.

[3] B. Philipp und H. Frommelt, Vortrag: ACS Symposium über Polymerkompositionen Miami/USA, Sept. 1978.

[4] B. Philipp, V. Jacopian und H. Schleicher, Zellstoff u. Papier, **25** (1976) 5, S. 133–136.

[5] Sitzungsberichte der Akademie der Wissenschaften der DDR 17 N/1979, im Druck.

[6] F. Fischer, in: Sitzungsberichte der Akademie der Wissenschaften der DDR 17 N/1979, im Druck; vgl. auch Zeitschr. f. Chemie, im Druck!

[7] B. Bach und G. Fiehn, Zellstoff und Papier, **21** (1972) 1, S. 3–7.

[8] B. Philipp, Beitrag zur Panel-Diskussion: „Modification of Large Scale Polymers“. IUPAC-Symposium über Makromoleküle, Taschkent 1978, Chimija drevesiny (Chemie des Holzes), im Druck.

[9] D. A. I. Goring und G. Suranyi, Pulp and Paper Magazin of Canada, **70** (1969) S. 103–110.

[10] L. Neimo und H. Sihtola, Paperi ja Puu, **47** (1965) S. 369–379.

Chr. Weißmantel

Quasi-amorphe Schichtstrukturen als Werkstoffe

1. Einleitung

In den letzten Jahren hat sich die festkörperphysikalische Forschung verstärkt den nichtkristallinen Phasen zugewendet, die von normalerweise kristallinen Stoffen, wie Elementen, einfachen Verbindungen oder Legierungen, durch sehr rasches Abschrecken oder durch Kondensation atomarer Teilchen auf kalten Substraten erhalten werden. Dieses wachsende Interesse gründet sich auf potentielle Anwendungsmöglichkeiten dieser Materialien, die als Halbleiter- und Magnetwerkstoffe, als optische oder supraleitende Schichten, als Hartstoffe und für den Korrosionsschutz neue Lösungswege versprechen.

Zum Unterschied von den üblichen amorphen oder glasartigen Stoffen handelt es sich bei den neuerdings untersuchten Phasen um stark metastabile Modifikationen, die hinsichtlich ihrer freien Energie relativ weit vom thermodynamischen Gleichgewicht entfernt sind. Demzufolge kann durch Erhitzen oder andere Faktoren eine, unter Umständen heftig verlaufende, Phasenumwandlung in den kristallinen Zustand ausgelöst werden, während bestimmte Verunreinigungen oder Legierungskomponenten eine relative Stabilisierung bewirken. Im übrigen haben genaue Strukturuntersuchungen ergeben, daß die sogenannten amorphen Metalle und Halbleiter in atomaren Bereichen häufig noch eine deutliche Nahordnung aufweisen, weshalb hier von quasiamorphen Strukturen gesprochen wird.

Bedingt durch die Herstellungsmöglichkeiten, die ein sehr rasches Einfrieren ungeordneter Teilchenaggregate erfordern, lassen sich solche metastabilen Phasen vorläufig nur in Form von dünnen oder dicken Schichten abscheiden. Im folgenden sollen die Besonderheiten und mögliche Anwendungen quasiamorpher Schichtstrukturen auf der Grundlage von Publikationen verschiedener Gruppen sowie von Ergebnissen eigener Arbeiten für die Beispiele des amorphen Tantalums und der Metgläser, des a-Siliciums und des diamantähnlichen Kohlenstoffs (i-Kohlenstoff) diskutiert werden.

2. Amorphes Tantalum und Metgläser

Das vieldiskutierte Problem der Existenz metastabiler, nichtkristalliner Phasen reiner metallischer Elemente ist in den letzten Jahren durch sorgfältige Untersuchungen zur Kondensation von Metalldämpfen im UHV auf gekühlten Substraten teilweise aufgeklärt worden [1, 2, 3]. SCHÄFER und MENZEL [3] konnten bei vergleichenden Versuchen mit einer Reihe von Metallen nur für Tantalum die Beständigkeit einer nichtkristallinen Phase im Temperaturbereich von 110...180 K sicher nachweisen. Die bei 110 K auf Gläsern abgeschiedenen Filme wiesen mit einem spezifischen Widerstand von $\varrho = 230\,\mu\Omega$ cm und einem Temperaturkoeffizienten $\alpha = -60$ ppm K^{-1} Eigenschaften auf, die deutlich sowohl von denen des polykristallinen α-Tantalum als auch denen der extrem feinkristallinen, gesputterten β-Tantalum-Filme abweichen. Eine definierte Zugabe von Stickstoff zum Restgas führte bereits bei Partialdrücken oberhalb $8 \cdot 10^{-6}$ Pa zur Bildung quasiamorpher Strukturen, die auch bei Zimmertemperatur stabil blieben und mittels hochauflösender Elektronenmikroskopie untersucht werden konnten. Nach der noch vorhandenen Nahordnung unterscheiden die Autoren zwei Typen amorpher Strukturen:

(1) Bei einem Stickstoffdruck von $10^{-5}...10^{-4}$ Pa werden metallische Gläser oder *Metgläser* gebildet, die einen spezifischen Widerstand $\varrho = 350\,\mu\Omega$ cm mit dem negativen Temperaturkoeffizienten $\alpha = -380$ ppm K^{-1} besitzen. Die Elektronenbeugungsdiagramme lassen 3 bis 8 diffuse Ringe erkennen, und in den Transmissionsaufnahmen findet man eine zusammenhängende Matrix kohärent streuender Bereiche mit Durchmesser von rund 2,5 nm.
(2) Die weitere Erhöhung des N_2-Partialdrucks auf größenordnungsmäßig 10^{-3} Pa bewirkt eine Veränderung der elektrischen und strukturellen Parameter. Die Widerstandswerte betragen $\varrho = 900\,\mu\Omega$ cm beziehungsweise $\alpha = -950$ ppm K^{-1}, die Beugungsdiagramme weisen nur noch zwei weit auseinanderliegende diffuse Ringe auf, und kohärent streuende Bereiche finden sich nur noch vereinzelt. Dieser Typ wird von SCHÄFER und MENZEL als *fest-amorph* bezeichnet.

Interessanterweise erweisen sich beide Strukturtypen als relativ stabil; anhaltendes Tempern bis zu 670 K im UHV zog keine wesentlichen Veränderungen der physikalischen Parameter nach sich. Dagegen bildeten sich mit Argon keine so beständigen quasiamorphen Phasen. Zwar wurde gleichfalls ein Tantalum-Metglas erhalten, doch setzt schon bei 330 K die Umwandlung in den kristallinen Zustand ein.

In Übereinstimmung mit den Ergebnissen anderer Gruppen erhielten die zitierten Autoren [3] bei binären Legierungen, wie Ta/Co, Ta/Ni, W/Co oder W/Cu, auch ohne Restgaszusatz metastabile Metglas-Phasen beziehungsweise fest-amorphe Filme.

Wir haben diese neueren Ergebnisse hier etwas ausführlicher wiedergegeben, weil sie zwei Besonderheiten nichtkristalliner, metastabiler Phasen erkennen lassen. Erstens folgt, daß Legierungskomponenten oder zumindest kleine Mengen eingeschlossener Gase notwendig sind, um die Existenz quasiamorpher Metallphasen in einem größeren Temperaturbereich zu ermöglichen. Zweitens sprechen die Ergebnisse der Strukturuntersuchungen und der elektrischen Messungen dafür, daß man es meist nicht mit einer relativ einheitlichen amorphen Phase zu tun hat, sondern mit verschiedenartigen Strukturen, die sich durch den noch vorhandenen Grad der Nahordnung unterscheiden.

Die mittels Aufdampfen im Vakuum hergestellt nichtkristallinen Metallfilme bilden vorläufig noch Objekte der Grundlagenforschung. In ihrer Struktur ähneln sie jedoch stark den metallischen Gläsern, die durch extrem rasches Abschrecken aus Schmelzen erhalten und bereits in größerem Umfang produziert werden [4 bis 8]. Erwähnt sei besonders die Legierung $Fe_{40}Ni_{40}P_{14}B_6$, die unter den Handelsnamen METGLAS® bzw. METSHIELD 2826 angeboten wird [8]. Um dieses Material in glasartiger Form zu erhalten, ist es nach Angaben der Hersteller notwendig, die Schmelze mit einer Abkühlungsrate von mindestens 10^6 K s^{-1} erstarren zu lassen. Das begrenzt natürlich die Materialdicke. Beispielsweise erzeugt man durch Verspinnen aus der Schmelze und Abschrecken auf rotierenden gekühlten Kupfertrommeln feine Bändchen von reichlich 50 µm Dicke bei wenigen mm Breite. Diese Bandfäden werden durch maschinelles Weben und Flechten zu einem flächigen und hochflexiblen Werkstoff verarbeitet. Das fertige Gewebe wird beispielsweise in einer Dicke von 0,18 mm und einer Breite von 180 mm gehandelt.

Auf Grund seiner ausgezeichneten weichmagnetischen Eigenschaften verbunden mit großer Flexibilität und hoher mechanischer Festigkeit wird Metglas-Gewebe in zunehmendem Umfang als effizientes und leicht zu handhabendes Material für magnetische Abschirmungen vor allem bei niedrigen Frequenzen eingesetzt. Der neuartige Magnetwerkstoff zeichnet sich durch hohe Permeabilitäten ($\mu = 65\,000$) und kleine Koerzitivfeldstärken ($H_c \leq 0{,}05$ Oersted) aus. Bei einlagigem Umwickeln mit dem Gewebe werden bei 60 Hz Schwächungsfaktoren von 20...40 dB erreicht. Die realisierten oder geplanten Anwendungen umfassen die Meßtechnik, die Militär- und Weltraumtechnik sowie die Konsumelektronik (Farbfernsehgeräte), so daß mit einem steilen Anstieg der Produktion zu rechnen ist.

Natürlich sind auch andere Anwendungen quasiamorpher metallischer Werkstoffe denkbar. Naheliegend erscheint der Einsatz für elektrische Widerstände mit sehr kleinen Temperaturkoeffizienten bei relativ niedrigen spezifischen Leitfähigkeiten. Bei der Anwendung von Metgläsern für Spulenkörper ist zu erwarten, daß die Ummagnetisierungsverluste im Vergleich zu herkömmlichen Materialien auf mehr als ein Drittel gesenkt werden können. Darüberhinaus hofft man, mit gezielt aufgebauten Verbundstrukturen zwischen kristallinen und quasiamorphen Metallschichten verbesserte Supraleiter mit hohem T_c und H_{sc} realisieren zu können [9]. Hierfür wird es notwendig sein, eine programmierte Schichtabscheidung unter UHV-Bedingungen beziehungsweise einer definierten Restgaszusammensetzung in Weiterentwicklung der zunächst für Halbleiter praktizierten Molekularstrahltechnik einzusetzen.

In der weiteren Perspektive könnte sich auch eine neuartige Lösung für den Korrosionsschutz von Metallen ergeben. Sowjetische Untersuchungen an Eisenproben vom Mond, die dem Sonnenwind ausgesetzt waren, sowie erste eigene Messungen an bestrahlten Eisenproben (Beschuß mit 10 keV Ar^+) deuten darauf hin, daß Eisenoberflächen, die längere Zeit einem Ionenbombardement ausgesetzt

waren, sehr viel langsamer rosten, was durch Amorphisierung der Oberflächenschicht erklärt werden könnte.
Nur verwiesen werden kann auf die theoretischen Arbeiten zur Deutung der quasiamorphen Metallstrukturen, bei denen man mittels Computersimulation eine anschauliche Wiedergabe der verschiedenen Nahordnungsgrade erhalten hat. Bewährt hat sich das DRPHS-Modell (nach „dense random packing of hard spheres"), bei dem von einer relativ dichten Packung nächster Nachbarn und einer weitgehend regellosen Anordnung der Di-, Tri- oder Tetrameren ausgegangen wird [10, 11].

3. *Amorphes Silicium (a-Si)*

Zu den nichtkristallinen Halbleitern gehören beispielsweise das amorphe Selen, die Chalkogenidgläser und verschiedenartige Netzstrukturen. Die bedeutendste Anwendung haben amorphe Halbleiter bisher in der Reproduktionstechnik („Xerographie") gefunden, und weitere wichtige Einsatzgebiete zeichnen sich für die Elektrofotografie sowie die Informationsspeicherung ab. In halbleitenden Gläsern werden häufig Schalteffekte beobachtet, d. h. sprunghafte, reversible Änderungen der Leitfähigkeit bei bestimmten Temperaturen oder Feldstärken, die teils durch elektronische, teils durch atomare Umordnungsvorgänge zu deuten sind.

In den letzten Jahren hat sich die Forschung verstärkt dem amorphen Silicium, auch a-Si genannt, zugewendet, da dieses Material einen erfolgversprechenden Lösungsweg zur Herstellung großflächiger Sonnenbatterien verspricht. Die normalerweise kristallinen Elemente Silicium und Germanium lassen sich, wie seit längerer Zeit bekannt ist [12, 13], durch Aufdampfen, Aufsputtern oder durch plasmainduzierte CVD-Prozesse abscheiden, wenn die glasartigen Substrate auf genügend niedriger Temperatur gehalten werden. Zum Unterschied von den amorphen Metallen reicht bei den halbleitenden Stoffen eine Substrattemperatur im mittleren Bereich ($T = 300 \ldots 750$ K) bereits aus, um die Ordnungsvorgänge der kondensierenden Teilchen einzufrieren. Beim Silicium wird meist eine Temperatur um 500 K gewählt, da bei niedrigerer Temperatur zu viel absorbierte Gase eingeschlossen werden. In Abbildung 1 ist schematisch der Aufbau einer Anlage zur Herstellung von a-Si mittels CVD-Reaktion von SiH_4 und H_2 unter Einwirkung einer HF-Entladung von einigen MHz bei Gasdrücken in der Größenordnung von $10^2 \ldots 10^3$ Pa dargestellt. Die Aktivierung durch die Plasmaentladung ist erforderlich, weil die Dissoziation des Silans bei den niedrigen Temperaturen sonst zu langsam vor sich geht.

Aus Untersuchungen mittels Elektronenbeugung folgt, daß amorphe Silicium- und auch Germanium-Schichten eine tetraedrische Nahordnung bei weitgehend regelloser Aufeinanderfolge der einzelnen Tetraeder aufweisen [14, 15]. Analog wie bei den Metgläsern werden in hochauflösenden, elektronenmikroskopischen Aufnahmen jedoch auch kohärent streuende Bereiche mit Durchmessern von wenigen mm beobachtet, die auf nahgeordnete Clusters schließen lassen, was die Charakterisierung „quasiamorph“ rechtfertigt. Ferner zeigten BARNA et al., daß derartige Schichten auch gröbere Überstrukturen besitzen können, die als Dichteschwankungen im Verlauf des Wachstums gedeutet werden [16].

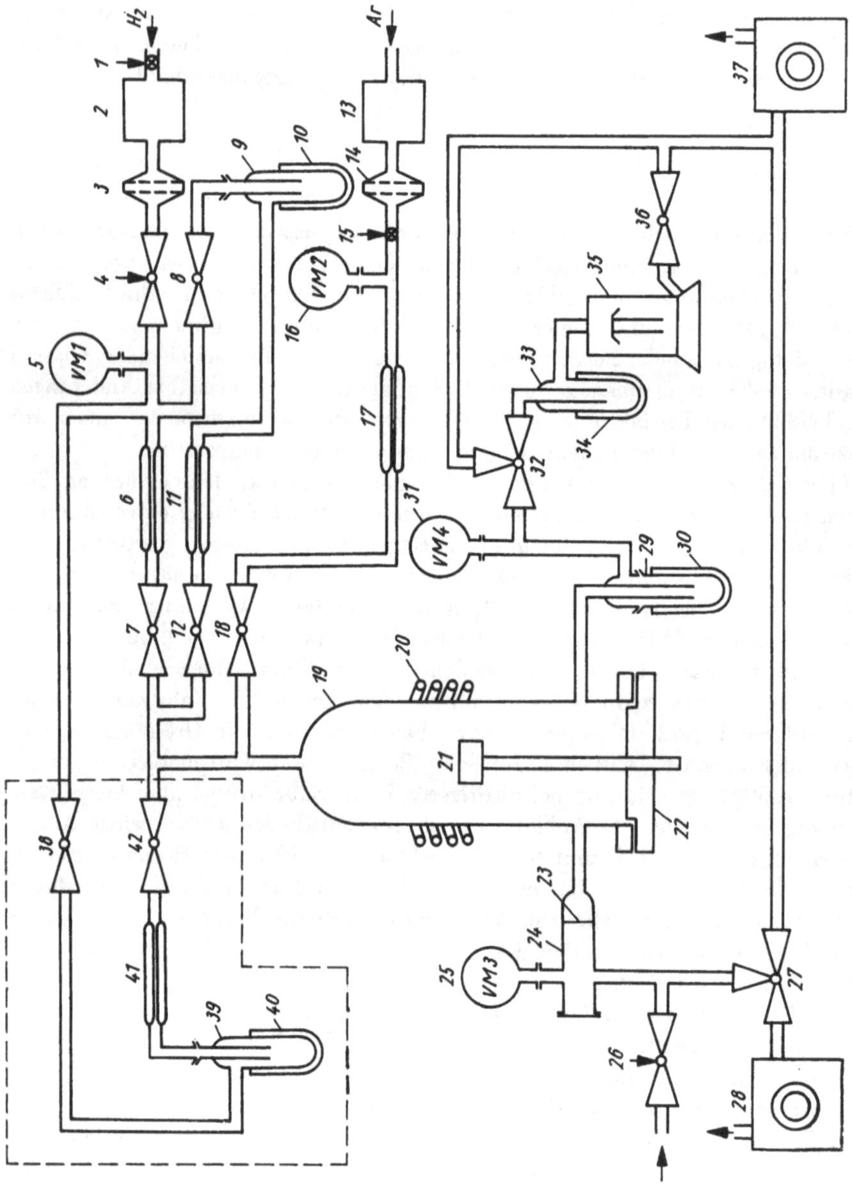

Abb. 1 Schematischer Aufbau einer Apparatur zur plasmainduzierten Abscheidung von a-Silicium

Frühere Versuche zur Dotierung des a-Siliciums mittels geeigneter Störstellen (Phosphor oder Bor) blieben erfolglos, da die Schichten eine sehr hohe Konzentration von Elektronenzuständen in der verbotenen Zone enthalten. In einem vereinfachten Bild lassen sich diese Zustände als nicht abgesättigte „baumelnde Bindungen" („dangling bonds") deuten. Genauere theoretische Untersuchungen ergaben, daß sich effektive Ladungsverschiebungen, die bei ungestörten Kristallen in 2. Ordnung auftreten, in quasiamorphen Phasen infolge der verzerrten zwischenatomaren Koordinaten als Ladungsverschiebungen 1. Ordnung manifestieren [17]. Dies erklärt, warum sich eine Dotierung elektrisch nicht auswirkt. Die Fremdatome werden einfach entsprechend ihrer Wertigkeit eingebaut, wobei über- oder unterzählige Elektronen aus dem Vorrat diskreter Zustände kompensiert werden. Im Einklang mit diesem Bild stehen die hohen Dichten nichtabgesättigter Elektronenspins, die in a-Silicium gefunden wurden, sowie die beobachtete starke Absorption im gesamten Infrarotbereich der fundamentalen Gitterschwingungen.

Die Situation änderte sich drastisch, nachdem zuerst Spear und Le Comber [18, 19], danach Brodsky et al., [20, 21] sowie andere Gruppen [22] nachwiesen, daß sich die freien Bindungen in den Filmen von a-Silicium (in geringerem Maße auch in a-Ge) absättigen lassen, indem bei der Abscheidung für den Einbau von Wasserstoff gesorgt wird. Solche wasserstoffhaltigen, stabilisierten Schichten von a-Silicium wurden zuerst mit der oben erwähnten plasmainduzierten Abscheidung aus Silan-Wasserstoff-Gemischen hergestellt. Neuerdings wurden auch gute Resultate durch Hochfrequenz-Ionenzerstäubung eines Silicium-Targets in wasserstoffhaltigem Restgas erzielt [21, 23]. Die gesputterten Schichten enthalten anscheinend bedeutend weniger Wasserstoff als die CVD-Filme, jedoch wird mindestens der gleiche Stabilisierungseffekt bewirkt. Die mögliche Eignung der Ionenstrahlzerstäubung in Wasserstoff für die Herstellung von dotierbarem a-Silicium wird gegenwärtig von uns untersucht.

Eine effektive Dotierung des amorphen Siliciums ist zunächst durch Beigabe von Phosphin oder Diboran zum Reaktionsgemisch beziehungsweise zum Restgas realisiert worden. Auf diese Weise war es möglich, die Leitfähigkeit bei $T = 300$ K von $10^{-12}\,\Omega^{-1}\,\mathrm{cm}^{-1}$, dem Wert des undotierten Materials, sowohl im n- als auch im p-Gebiet auf $10^{-2}\,\Omega^{-1}\,\mathrm{cm}^{-1}$ zu erhöhen [21]. Dies entspricht einer kontrollierbaren Verschiebung des Ferminiveaus um etwa 1,2 eV. Inzwischen ist a-Silicium auch mit Hilfe der Ionenimplantation wirkungsvoll dotiert worden.

Mit dotierten a-Si-Filmen haben verschiedene Gruppen pn-Übergänge, Metall-Halbleiter-Schottkybarrieren sowie verschiedenartige Bauelemente, beispielsweise Dioden und Transistoren, hergestellt und untersucht [22, 23]. Obwohl die Parameter einkristalliner Bauelemente und Schaltkreise nicht erreicht werden konnten, ist eine künftige Anwendung für spezielle Zwecke, etwa in Bereichen mit erhöhter Strahlenbelastung, wahrscheinlich. Die grössten Erwartungen knüpfen sich jedoch an die mögliche Herstellung von großflächigen Solarzellen, die auf billigen Substratmaterialien kostengünstig produziert werden könnten und gegenüber der einkristallinen Technik noch den Vorteil einer höheren Lichtabsorption in den amorphen Halbleiterschichten böten. Freilich ist auch hier eine vorsichtige Einschätzung geboten. Während ein energetischer Wirkungsgrad von 10% als ökonomische Grenze angesehen wird, konnten mit Zellen auf der Basis amorpher pn-Übergänge bisher erst 2...3% und für Schottky-Zellen aus a-Si auf Metall erst 6% Wirkungsgrad erreicht werden.

In der zukünftigen Entwicklung ist damit zu rechnen, daß auch die Phasenumwandlungen zwischen amorphen und kristallinen Zuständen von Halbleiterschichten, die von vielen Parametern wie Licht, Temperatur und elektrischer Feldstärke beeinflußt werden, zunehmend Anwendungen für Bauelemente, Sensoren oder in der Informationsspeicherung finden.

4. Harter, transparenter Kohlenstoff (i-C)

Ein besonders interessantes Beispiel metastabiler, quasiamorpher Schichtphasen bilden die harten und transparenten Kohlenstoff-Schichten mit diamantähnlichen Eigenschaften. Ihre Bildung erfordert eine Aktivierungsenergie von einigen 10 eV je Kohlenstoffatom, die bei den bisher bekannten Verfahren durch Ionenbombardement der wachsenden Schicht aufgebracht wird. Um die harten und transparenten Schichten von den üblichen amorphen Kohlefilmen zu unterscheiden, schlagen wir die Bezeichnung i-Kohlenstoff (i-C) vor, womit auf die ionengestützte Abscheidung Bezug genommen wird.

Zuerst sind derartige Schichten, die in der Literatur auch als „diamantähnlicher Kohlenstoff" charakterisiert werden, von Aisenberg und Chabot hergestellt worden. Diese Autoren kondensierten C^+-Ionen von 10...60 eV auf verschiedenartigen Substraten und erhielten festhaftende, sehr harte und transparente Filme [24, 25]. Spencer [26] hat diese Arbeiten reproduziert und aus Elektronenbeugungsaufnahmen auf das Vorhandensein kleiner kubischer Diamantkriställchen geschlossen. Etwa zur gleichen Zeit gelang es Erler in unserem Bereich [27], mit der früher von uns entwickelten Zweistrahltechnik analoge Schichten zu erhalten. Bei dieser Methode wird ein Graphit-Target mit einem Ar^+-Strahlbündel von etwa 10 keV Ionenenergie zerstäubt. Die Kohlenstoffschicht, die sich durch Kondensation der gesputterten Teilchen auf den Substraten niederschlägt, wird während des Wachstums mit einem intensiven Edelgasionenstrahl (Ar^+ oder Kr^+ von 0,5...1 keV) aus einer zweiten Quelle beschossen. Während einfache Ionenstrahlzerstäubung nur braunschwarze, weiche Schichten liefert, vollzieht sich in den beschossenen Bereichen die Umwandlung in eine harte und transparente Phase. Teilweise wurden nahezu farblose Schichten erhalten. Die bisherigen Ergebnisse der Beugungsuntersuchungen lassen den Schluß zu, daß diese Schichten vorwiegend eine glasartige Struktur besitzen, jedoch wurden vereinzelt Kriställchen von 10...100 nm Durchmesser gefunden, bei denen es sich möglicherweise um kubischen Diamant handelt. Es scheint, daß sich diese Kriställchen bevorzugt im Zentrum der Substrate bei den höchsten Ionenstromdichten bilden, jedoch sind die Untersuchungen hierzu noch nicht abgeschlossen. Prinzipiell wäre eine Bildung von Dimantkeimen durchaus denkbar, da die Schockwellen, die von den einschlagenden Ionen ausgelöst werden, für kurze Zeitintervalle die Bedingungen für eine Synthese in atomaren Dimensionen schaffen könnten [28]. Meist scheint indessen die Zeit nicht für ein geordnetes Wachstum der primären Clusters auszureichen, und es bildet sich eine quasiamorphe Struktur aus, die in ihren makroskopischen Eigenschaften dem Diamanten ähnlich ist. Möglicherweise bestehen hinsichtlich der Struktur ähnliche Zusammenhänge wie zwischen kristallinem und amorphem Silicium oder auch wie zwischen Quarzkristallen und Quarzglas.

Leider sind die physikalischen Verfahren zur Herstellung solcher Schichten nicht sehr produktiv, da sich mit den bisher eingesetzten Ionenquellen nur kleine Aufwachsraten von wenigen nm/min erreichen lassen. An der Verbesserung der Zweistrahltechnik wird gegenwärtig gearbeitet. Immerhin werden die nach dem Aisenberg-Verfahren hergestellten Schichten in Japan bereits für Austrittsfenster von Halbleiterlasern genutzt, da sie eine gute IR-Durchlässigkeit bei ausgezeichneter Strahlenbeständigkeit aufweisen.

Ein alternativer Weg zur Synthese harter Kohlenstoffschichten wurde von Whitmell und Williamson [29] sowie von Holland und Ojha [30, 31] beschritten. Die genannten Autoren haben organische Molekülionen, beispielsweise von Butan, aus Gleichstrom- beziehungsweise Hochfrequenz-Plasma-Entladungen abgesaugt, und die relativ energiereichen Teilchen kondensiert. Die dabei erhaltenen Schichten sind als amorph anzusehen; sie zeigen jedoch hinsichtlich ihrer Härte, des hohen elektrischen Widerstandes, der Transparenz im IR und weiten Bereichen des Sichtbaren (bei leicht gelblicher Färbung infolge Absorption im blauen Spektralgebiet) ein diamantähnliches Verhalten.

In unserem Bereich wurde die Molekülionen-Variante zur Herstellung von i-Kohlenstoff durch Schürer, Bewilogua und Reisse ausgebaut. Anstelle einer Plasmaentladung benutzten wir eine von Pagel entwickelten Ionenquelle, in der sich organische Dämpfe schon bei niedrigen Drücken von $10^{-2}...10^{-3}$ Pa mittels Elektronenstoß effektiv ionisieren lassen [32]. Gut bewährt hat sich ferner die Verwendung von Benzen oder anderen Aromaten, deren Moleküle bei der Ionisation nur mit relativ geringer Wahrscheinlichkeit fragmentiert werden.
Abbildung 2 zeigt den schematischen Aufbau der Quelle, aus der die Molekül- und Fragment-Ionen abgesaugt und mittels einer vorwählbaren Spannung auf eine Energie im Bereich von 70 eV bis zu einigen keV beschleunigt werden. Bei der Kondensation dieser energiereichen Teilchen tritt Kondensation ein, und es bilden sich in glatter Reaktion Kohlenstoffschichten, die allerdings noch etwas Wasserstoff enthalten. Inwiefern dieser Restwasserstoff eine ähnliche stabilisierende Wirkung besitzt wie beim a-Silicium, bleibt noch zu klären. Vergleiche zwischen den aus dem Ionenstrom berechneten und den beobachteten Wachstumsraten zeigen, daß neben den Ionen auch am Substrat auftretende Neutralteilchen an der Schichtbildung teilnehmen. Wir bezeichnen dieses Verfahren daher als *Ionenstrahlplattieren,* in Analogie zum üblichen Ionenplattieren, bei dem, allerdings bei höheren

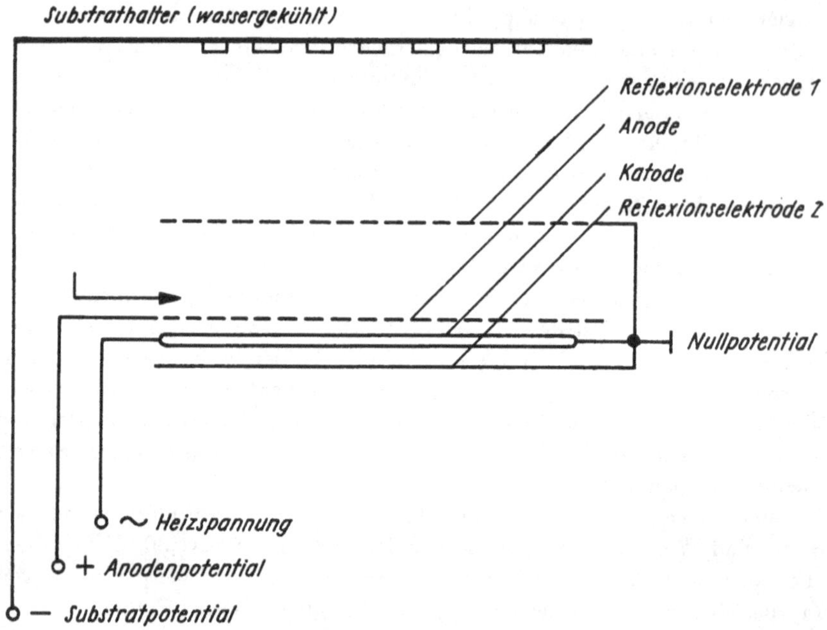

Abb. 2 Schematischer Aufbau einer Anordnung zur Abscheidung von i-Kohlenstoff durch Ionenstrahlplattieren von organischen Species, beispielsweise Benzen

Drücken, gleichfalls eine Mischung von energiereichen Ionen und Neutralteilchen kondensiert wird.

Ein besonderer Vorteil des zuletzt beschriebenen Verfahrens besteht in der relativ hohen Aufwachsrate bis zu einigen 10^2 nm/min, und ein Ausbau zur Beschichtung großer Flächen erscheint realisierbar. Die Schichten sind elektrisch isolierend und besitzen (für Rubinlaser-Licht) einen Brechungsindex $n > 2$. Die bei Energien bis zu einigen 10^2 eV abgeschiedenen Schichten sind auch in Dicken von mehreren µm transparent bei einer leicht gelblichen Färbung. Mit weiter erhöhter Ionenenergie (0,8...3 keV bei Benzen) vertieft sich die Färbung. Durch Strukturuntersuchung konnte gezeigt werden, daß bei hohen Ionenenergien Graphitausscheidungen auftreten, was mit Strahlenschäden erklärt werden kann.

Um nähere Informationen über die Struktur der Schichten zu erhalten, wurden von Bewilogua Untersuchungen mittels hochauflösender Elektronenmikroskopie sowie Elektronenbeugung durchgeführt. In Kooperation mit dem Zentralinstitut für Elektronenphysik der AdW, Berlin, setzten Breuer und Mitarbeiter die Elektronen-Energieverlustanalyse (EEVA) zur Diagnostik der Filme ein. Dies erwies sich als eine sehr fruchtbare Zusammenarbeit, da diese Methode sehr empfindlich auf Veränderungen in der Struktur und Beschaffenheit anspricht. Schließlich wurde die Härte der Schichten in Kooperation mit der Gruppe unter Leitung von Fröh-

LICH an der Sektion Physik der Universität Halle mit den dort entwickelten dynamischen Verfahren untersucht. Da die bisherigen Ergebnisse zur Struktur und Schichthärte an anderer Stelle veröffentlicht worden sind, sollen hier nur einige Resultate wiedergegeben werden [33, 34].

Die Schichten sind in wesentlichen amorph, jedoch lassen elektronenmikroskopische Aufnahmen hoher Auflösungen kohärent streuende Bereiche von 0,8 nm Durchmesser erkennen, die sich in Dunkelfeldaufnahmen als ein unregelmäßiges Raster heller Flecken wiederfinden. Dies deutet auf nahgeordnete Bereiche hin, die jedoch nur 10...50 Atome enthalten.

Die Intensitätskurven der Elektronenbeugung (Abb. 3) lassen sich nicht durch eine der bekannten Kohlenstoffphasen interpretieren. Die in Abbildung 3b dargestellte Näherung wurde durch rechnerische Überlagerung verschiedener Anteile,

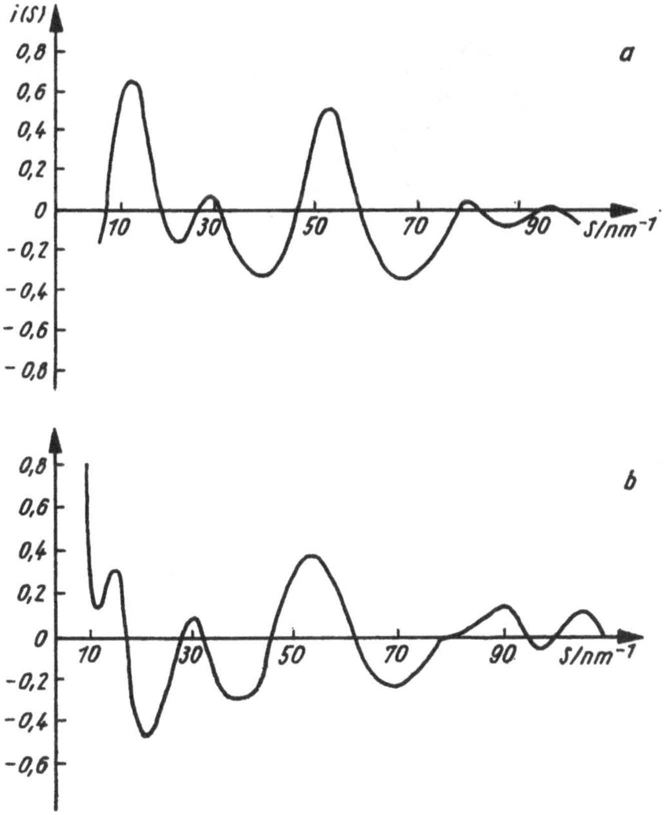

Abb. 3 Intensitätskurven für die Elektronenbeugung an i-C-Filmen (relative, in Transmission gebeugte Intensität i als Funktion des Streuparameters s)
a) experimentelle Kurve
b) berechnete Kurve

und zwar von Diamantkeimen mit 48 Atomen, von Kohlenstofftetraedern und von Graphit mit aufgeweiteten Ebenen, erhalten.

Das Hauptmaximum der Elektronen-Energieverlust-Spektren, das den $(\pi + \delta)$-Plasmonen zuzuordnen ist, liegt überraschenderweise nicht zwischen den für Diamant und Graphit charakteristischen Energiewerten, sondern darunter bei etwa 21 eV (vgl. Abb. 4). Weiterhin tritt bei rund 7 eV ein Peak der π-Plasmonen auf, und in einigen Fällen wurden, wie in der Abbildung angedeutet, bei 26...28 eV Ansätze eines Diamantplasmons festgestellt. Die relativen Höhen der Peaks und der dazwischenliegenden Minima sowie ihre energetischen Lage haben sich als ein empfindliches Mittel zur Charakterisierung der Filme erwiesen, obwohl die theoretische Interpretation Schwierigkeiten bereitet.

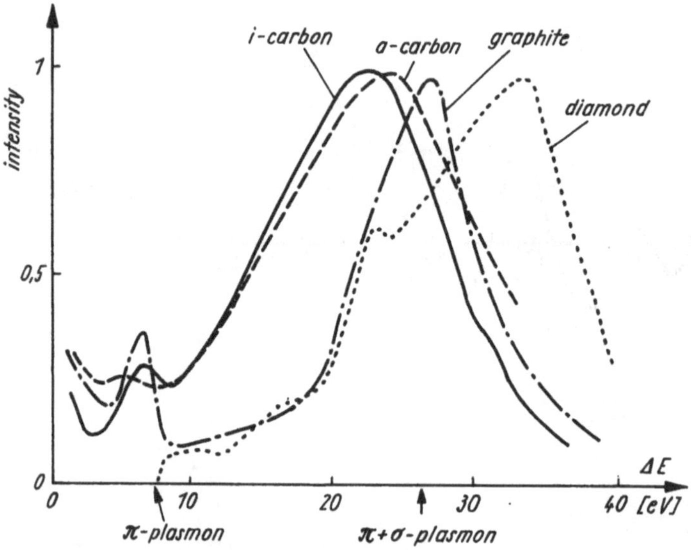

Abb. 4 Elektronen-Energie-Verlust-Spektrum einer i-Kohlenstoffschicht (gemessen bei 50 keV in Transmission) im Vergleich mit den Spektren anderer Kohlenstoff-Phasen

Aus den dynamischen Härtemessungen folgt, daß die Schichten wesentlich härter sind als Hartmetallsubstrate und daß sie eine sehr hohe elastische Rückformung aufweisen.

Schließlich deuten verschiedenartige Beobachtungen darauf hin, daß die Schichten hohe Druckspannungen besitzen. Während Filme von einigen zehntel µm Dicke auf verschiedenartigen Substraten (Quarz, Silicium, Hartmetall u. a.) gut haften, was durch höhere Ionenenergie noch verbessert wird, kommt es bei Dicken oberhalb 1 µm leicht zum Abplatzen. Dabei konnten die in Abbildung 5 dargestellten Risse in Form vieler paralleler Sinuskurven beobachtet werden. Ähnliche Erscheinungen wurden von Chopra an gesputterten Wolframschichten beobachtet und

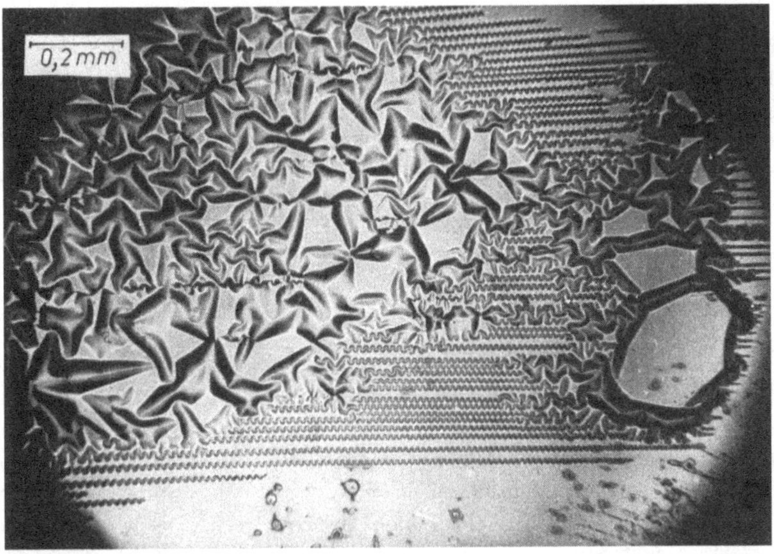

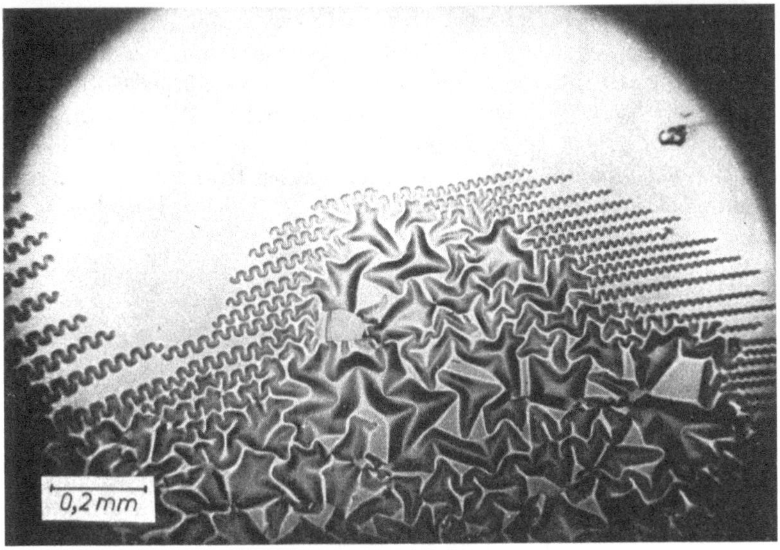

Abb. 5 Sinusförmige Risse in der Nähe abgeplatzter Bereiche eines i-Kohlenstoff-Films, der durch Ionenplattieren von Benzen auf Glas abgeschieden wurde
a) und b) verschiedene Bereiche der gleichen Probe

als Relationswellen beim Entspannen zwischen stärker und weniger verspannten Schichtbereichen gedeutet [35].

Diese Resultate veranschaulichen, daß es sich bei den i-Kohlenstoff-Schichten um ein ungewöhnliches Material handelt, das im einzelnen näher erforscht werden soll. Dieses Bemühen wird stimuliert durch zahlreiche potentielle Anwendungsmöglichkeiten, von denen der Einsatz als optisches Schichtmaterial im Infraroten, die Nutzung als Hartstoff-Überzug sowie als Passivschicht zu nennen sind. Untersuchungen von Ebersbach zur Eignung der Filme für die Passivierung von Eisen und Stahl brachten sehr günstige Resultate [36].

5. *Ausblick*

Mit den vorstehenden Ausführungen sollte gezeigt werden, daß sich von sehr verschiedenartigen Stoffen, die bisher hauptsächlich in kristalliner oder, wie im Falle des Kohlenstoffs, in lockeramorpher Form bekannt waren, dichte quasiamorphe Schichtstrukturen mit glasartigem Charakter herstellen lassen. Diese ungewöhnlichen und metastabilen Phasen lassen sich stabilisieren und hinsichtlich ihrer physikalischen Eigenschaften in weiten Grenzen gezielt beeinflussen. Die Ergebnisse der Strukturuntersuchungen deuten darauf hin, daß zwischen den amorphen Formen der verschiedenen Stoffgruppen bestimmte Parallelen vorhanden sind, die im einzelnen noch erforscht werden müssen.

Überhaupt steht die detaillierte und systematische Aufklärung der quasiamorphen Strukturen, die sich sicher auch von vielen anderen Stoffen herstellen lassen, erst am Anfang. Die bereits realisierten Anwendungen und die sich abzeichnenden Einsatzgebiete berechtigen zu der Hoffnung, daß die weitere Forschung auf diesem aktuellen Gebiet der Festkörperphysik einen wesentlichen Beitrag zum Fortschritt der Werkstofftechnik und damit zur Verbesserung der Materialökonomie auf lange Sicht zu leisten vermag.

Literatur

[1] T. Ichikawa, Phys. Stat. Sol. (a), **19** (1973) 707.
[2] A. Schäfer und G. Menzel, Electrocomponent Science and Technology, **4** (1977) 29.
[3] A. Schäfer und G. Menzel, Thin Solid Films, **52** (1978) 11.
[4] H. Jones, Rep. Progr. Phys., **36** (1973) 1425.
[5] T. R. Anantharaman und C. Suryanarayana, J. Mat. Sci., **6** (1971) 1111.
[6] S. Mader, J. Vac. Sci. Technol., **2** (1965) 35.
[7] J. J. Gilman, Physics Today, **28** (1975) 46.
[8] L. I. Mendelsohn, E. A. Nesbitt und G. R. Bretts, I. E. E. E. Transaction on Magnetics, Mag-**12** (1976) 924.
[9] J. E. Graebner, B. Golding, R. J. Schutz, F. S. L. Hsu und H. S. Chen, Phys. Rev. Letters, **39** (1977) 23.
[10] G. S. Cargill III, in: H. Ehrenreich, F. Seitz und D. Turnbull (Hrsg.), Solid State Physics, Vol. 30, Academic Press, New York 1975, S. 227.

[11] T. Ichikawa, Phys. Stat. Sol. (a), **29** (1975) 293.
[12] N. F. Mott und E. A. Davis, Electronic Processes in Non-crystalline Solids, Clarendon Press, Oxford 1971.
[13] J. Tauc, Physics Today, **29** (1976) 10.
[14] J. Stuke und W. Brenig (Hrsg.), Amorphous and Liquid Semiconductors, Taylor and Francis, London (1974).
[15] A. Oberlin, M. Oberlin und M. Maubois, Phil. Mag., **32** (1975) 833.
[16] A. Barna, P. B. Barna, G. Radnoczi, H. Sugawara und P. Thomas, Thin Solid Films, **48** (1978) 163.
[17] D. D. Klug und E. Whalley, in: Structure and Excitations of Amorphous Solids, AIP Conf. Proc., Williamsburg Va. 1976, S. 229.
[18] W. E. Spear und P. G. le Comber, Phil Mag. **33** (1976) 935.
[19] W. E. Spear, Advances in Physics, **26** (1977) 811.
[20] M. H. Brodsky, M. Cardona und J. J. Cuomo, Phys. Rev., B **16** (1977) 3556.
[21] M. H. Brodsky, Thin Solid Films, **50** (1978) 57.
[22] J. Allison und M. J. Thompson, Radio Electronic Eng. (London), **46** (1976) Heft 1 S. 11.
[23] W. E. Spear, Proc. 4th Intern. Thin Film Congr. Loughborough 1978, Thin Solid Films (1979) im Druck.
[24] S. Aisenberg und R. Chabot, J. Appl. Phys., **42** (1971) 2953.
[25] S. Aisenberg und R. Chabot, J. Vac. Sci. Technol., **10** (1973) 104.
[26] E. G. Spencer, P. H. Schmidt, D. C. Joy und F. J. Sansalone, Appl. Phys. Letters, **29** (1976) 118.
[27] Ch. Weissmantel, Proc. 7th Intern. Vac. Congr. & 3rd Intern. Conf. Solid Surfaces, Wien 1977, Bd. 2, S. 1533.
[28] D. G. Doran und R. K. Linde, in: F. Seitz und D. Turnbull (Hrsg.), Solid State Physics, Academic Press, New York, Bd. 19, S. 230.
[29] D. S. Whitmell und R. Williamson, Thin Solid Films, **35** (1976) 255.
[30] S. M. Ojha und L. Holland, Proc. 7th Intern. Vac. Congr. & 3rd Intern. Conf. Solid Surfaces, Wien 1977, Bd. 2, S. 1667.
[31] L. Holland und S. M. Ojha, Proc. 4th Intern. Thin Film Congr. Loughborough 1978, Thin Solid Films, (1979) im Druck.
[32] K. Bewilogua, D. Dietrich, L. Pagel, C. Schürer und Ch. Weissmantel, Proc. ICSFS Tokyo 1978, Surface Science (1979) im Druck.
[33] Ch. Weissmantel, K. Bewilogua, C. Schürer, K. Breuer und H. Zscheile, Thin Solid Films, (1979) im Druck.
[34] Ch. Weissmantel, C. Schürer, F. Fröhlich, P. Grau und H. Lehmann, Thin Solid Films, (1979) im Druck.
[35] K. L. Chopra, Thin Film Phenomena, Mc Graw-Hill, New York 1969, S. 311.
[36] U. Ebersbach, C. Schürer und Ch. Weissmantel, Z. physik. Chemie, (1979) im Druck.

W. Lange

Schlußwort

Sehr geehrte Kollegen!

Gestatten Sie mir einige Worte des Dankes, der zuerst und vor allem an Prof. Dr. Rompe zu richten ist. Ich habe mich über das, was in der Laudatio gesagt wurde und auch über das Wie sehr gefreut. Dazu hat sicher die Tatsache beigetragen, daß wir uns nunmehr seit drei Jahrzehnten kennen und daß es in dieser Zeit mehrfach zu einer guten Zusammenarbeit gekommen ist. Der Dank gilt auch den Vortragenden, die aus der Sicht ihres Fachgebietes zum Werkstoff, zu den an ihn zu stellenden Anforderungen, aber auch zu neuen Möglichkeiten der Herstellung und des Einsatzes gesprochen und damit zum Anliegen der Klasse Werkstoffforschung beigetragen haben.

Wohl jeder, der die 65 überschreitet, wird das Ergebnis seiner Arbeit kritisch prüfen und — nicht nur, weil er von allen Kollegen den Rat erhält, weiter tätig zu sein — überlegen, womit er sich in den kommenden Jahren noch nützlich machen kann. Für mich waren, auch vom Standpunkt des persönlichen Interesses aus gesehen, die Arbeiten zur physikalischen Chemie der metallurgischen Prozesse, speziell ihrer Thermodynamik, und weiterhin die unter Anwendung von Radionukliden in ein Neuland vorstoßenden Arbeiten zur Diffusion in Metallen die wichtigsten. Die nach Übernahme der Leitung des Forschungsinstitutes für Nichteisenmetalle in Freiberg gesammelten Erfahrungen ließen jedoch bald erkennen, daß die begründete Auswahl der in einem Institut dieser Größe zu bearbeitenden Aufgaben das wichtigste Anliegen des Leiters sein muß und daß persönliche Neigungen zurücktreten müssen. Es sei vorweg gesagt, daß die Lösung dieser Aufgabe eine eigene wissenschaftliche Arbeit mit eigener Methodik ist und aufregend sein kann wie jede wissenschaftliche Arbeit. Wenn auch die Bestätigung der Aufgabenstellung durch Partner in der Produktion und durch übergeordnete Stellen notwendig ist, bei stark produktionsgebundenen Aufgaben die Aufgabenstellung sogar unmittelbar von diesen Stellen kommen muß, die eigene konzeptionelle Arbeit erwies sich immer mehr als notwendige Voraussetzung für eine erfolgreiche Arbeit.

Es war ein glücklicher Umstand, daß ich als Leiter der Gruppe Metallische Werkstoffe des Forschungsrates in eine gleichartige Aufgabenstellung einbezogen worden war. Für diese Prognosearbeit, die im Auftrage des Ministeriums für

Wissenschaft und Technik nun metallurgieweit angelegt war und auch nichtmetallische Werkstoffe einbeziehen mußte, fehlte eigentlich nur noch ein Gremium, das die Möglichkeit bot, vor Vertretern der verschiedenen, unmittelbar oder mittelbar betroffenen Disziplinen unvoreingenommen noch offene Fragen zu diskutieren. Hier erwies sich die Arbeit in der Klasse als außerordentlich wertvoll. Ich möchte in diesem Zusammenhang, wenn Sie mir die poetische Formulierung gestatten, ein Loblied auf die Arbeit in der Akademie singen. Sie hat die Möglichkeit gegeben, diese Diskussion zu führen. Die Klassen waren jederzeit bereit, gemeinsam interessierende Fragen gemeinsam zu behandeln oder geeignete Fachvertreter zu delegieren. Der Dank gilt allen Mitgliedern bzw. Mitarbeitern der Akademie und auch den Gästen der Klasse, die an ihrer Arbeit so wirkungsvoll teilgenommen haben.

Die in der geschilderten Breite durchgeführte wissenschaftsorganisatorische Arbeit erweiterte die Kenntnis der bestehenden und wirksamen Zusammenhänge und ließ Verstöße gegen eine komplexe Betrachtung immer mehr schmerzlich empfinden. Allerdings war mit der Wahrnehmung der genannten Aufgaben ein gerüttelt Maß an zusätzlicher Arbeit verbunden, so daß nicht angestrebt werden sollte, aus dieser Kombination einen Modellfall zu machen. Es ist aber die Notwendigkeit zu unterstreichen, die Koordinierung der Arbeit zwischen diesen Stellen zum Prinzip zu machen. Der Wert einer solch koordinierten Arbeit liegt primär nicht einmal darin, daß dadurch neue Ideen geboren werden, obwohl gute Voraussetzungen hierfür geschaffen werden. Er liegt vor allem in der Möglichkeit zur besseren Wertung der Vorstellungen und in der Vermeidung von Defekten, die — ähnlich wie Schadensfälle an Produktionsmitteln — nicht nur den unmittelbar erkennbaren, z. B. durch Vergeudung von F. u. E.-Kapazität entstandenen Schaden umfassen, sondern auch den durch eine Fehlentwicklung oder durch ein fehlendes Ergebnis entstehenden, ein Vielfaches ausmachenden volkswirtschaftlichen Verlust.

Die gute Zusammenarbeit wird sicher auch in der Zukunft Bestand haben. Ich möchte diese Feststellung mit dem Wunsch verbinden, daß sich insbesondere auch das Zusammenwirken von Natur- und Gesellschaftswissenschaften, von Technik und Ökonomie weiterentwickelt.

FSC
www.fsc.org
MIX
Papier | Fördert gute Waldnutzung
FSC® C083411

Kolibri 360 GmbH
Ferdinand-Jühlke-Straße 7
99095 Erfurt, Deutschland
produktsicherheit@kolibri360.de